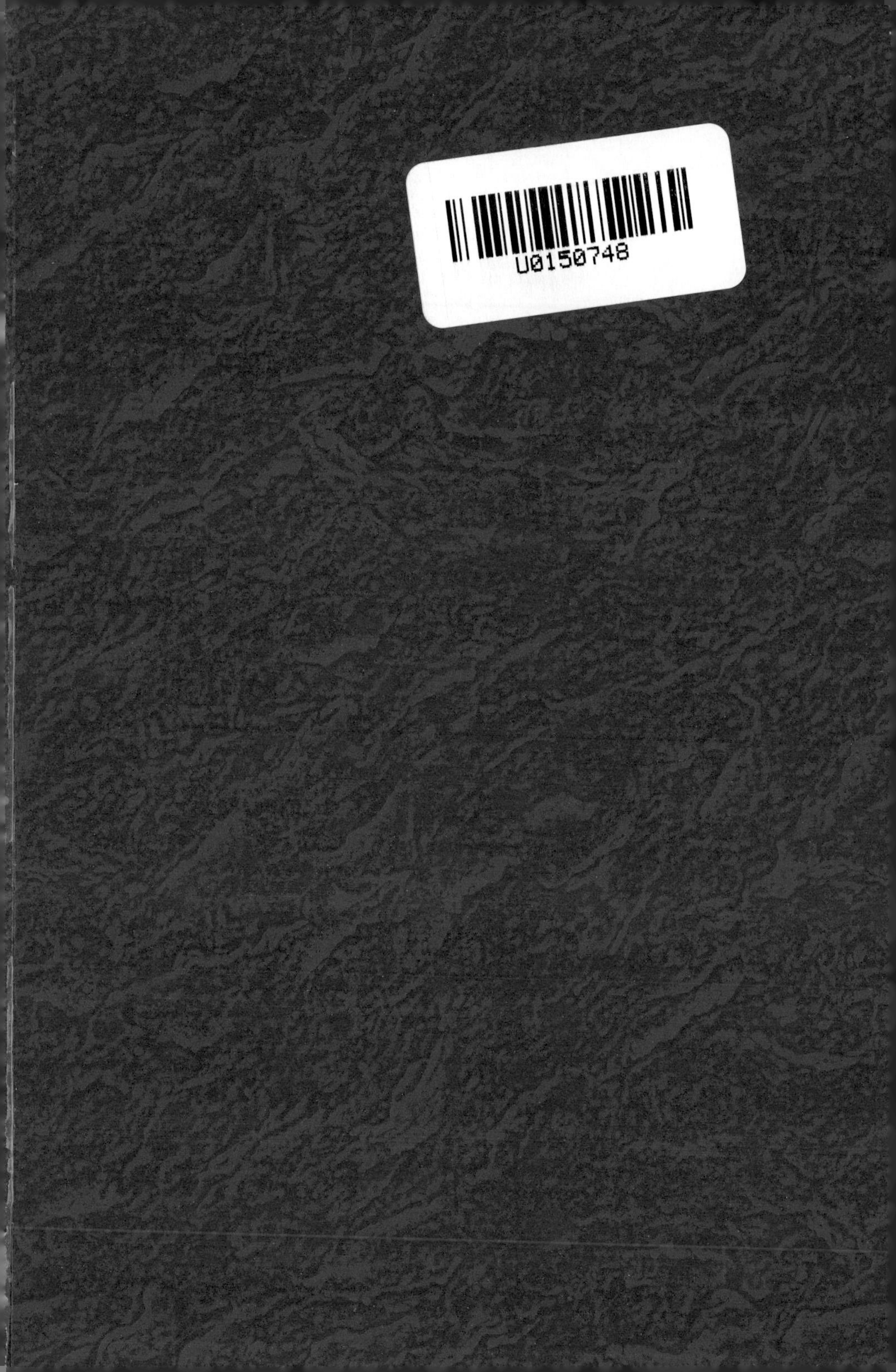

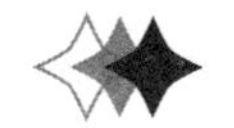

认识本能

心理学效应的实用解读

李亦梅——著

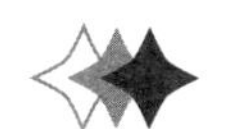

·深圳·

目　录

成长教育：能够限制住一个人的，只有自己

人际交往：每个人都希望别人对自己感兴趣

众生百态：看穿人性本能

前　言

在现实生活中，我们难免会遇到一些让自己心理失控的事情。比如，越是面对重大的抉择，我们越是头脑混乱；明知某事不该做，某人不该交，但还是抵抗不住侥幸心理；虽然心怀理想，也相信成功需要有个过程，但面对挫折，还是会忍不住放弃，甚至怀疑自己……

所有这些难以掌控的现象，其实都遵照一定的心理规律运行，并非不可捉摸。心理学作为一门科学，它所揭示出来的各种规律，作用于现实社会的方方面面；掌握了这些规律，就能更好地解决现实问题。可惜，对于这一点，大部分人都没有意识到。

所谓“心理效应”，就是指社会生活中常见的心理现象或规律，尤其偏重某些人或事对其他的人或事造成的影响或连锁反应，它在很大程度上出自人的本能。认识本能，我们便能够领会人们心理上的普遍动机，更容易参透人、事、物的发展规律。

在多姿多彩的世界中，心理效应不停地发挥着作用。其作用，可能是积极的，也可能是消极的。比如，有些人虽然综合能力很强，可是却因为一个缺点而处处碰壁，这是因为他们没有摆脱短板效应的掌控。又如，在半途效应的作用下，许多人做事虎头蛇尾，最终一事无成；而有的人却能抵制住这种效应，始终如一地坚持下去，修正本能的缺点，直到取得成功为止……

《孙子·谋攻篇》中说："知彼知己，百战不殆。"我们面对外在的世界，无论面对的是人，还是事，都需要更深入的了解。掌控了心理学效应，也就了解了隐藏在事物表面之下的规律；如果能正确地运用规律，就能更好地掌控一切。总之，了解心理学效应，对我们的生活和工作具有重要意义。

所以，我们要认识本能，让这些心理学效应为我们服务，这样既能掌握人生的主动权，改变自己的不良现状，又能影响他人，让自己和他人变得更好。

1

自我认知：认识自己是认识本能的基础

knowing your instinct

焦点效应
所谓的社恐，实际是心理上的自我暗示

“焦点效应”又叫“聚光灯效应”，是指人们往往会把自己看成一切事物的中心，因而主观地高估周围人对自身的外表和行为的注意程度。

为了证明它的存在，美国知名心理学家基洛维奇曾经做了一个实验。他让康奈尔大学的学生穿上某名牌T恤衫进入教室，看看有多少同学会注意到他们身上穿的T恤衫。按照那些穿着名牌T恤衫的学生的估计，应该有大约一半的同学会注意到他们身上穿的T恤衫是名牌，可是实验结果却出人意料：只有23%的同学留意到了这一点。

这个实验表明，我们总是过于关注自己，并高估自己的突出程度，从而不自觉地放大别人对我们的关注程度，总以为我们在别人眼中也占据了醒目的位置，可事实并非如此。这样一种心理，只能证明一个被心理学界公认的事实——人都是以自我为中心的。

焦点效应是每个人都会有的体验，这一点相信大家都已经

在日常生活、学习或聚会等场合中亲自证明过了。比如，在看集体照片时，每个人基本上都会在第一时间里找到自己在哪个位置，并且非常重视自己在照片中的形象好不好；在跟亲友一起聊天时，人们也会很自然地把话题引到自己身上，并希望掌握谈话的主动权，成为众人关注的焦点；每次出门，那些爱美的女人都会花上好长一段时间来化妆、挑选合适的衣饰，把自己打扮得漂漂亮亮的，因为她们觉得她们一走出去就会引起人们的关注；在一次聚会上，你一不小心把饮料泼了一身，或是夹菜时意外地将菜掉在了桌子上或地上，于是你因此而觉得非常尴尬和难为情，好像别人都在对你指指点点似的……

受焦点效应的影响，我们会过度地关注自己，过于在意我们周围的人对我们的关注程度。因此，你才会在聚会上因饮料泼了一身而觉得尴尬，甚至认为自己很失败，觉得别人都在看你的笑话。即便这种自我感觉并不是非常强烈，你也会觉得不好意思，也因此而变得小心谨慎，生怕再出现这样的状况，以免给别人留下坏印象。

如果过于关注自己，总觉得自己是人们眼中的焦点，甚至认为自己的一举一动都处于别人的监控之中，进而高估自己的社交失误的影响，就容易产生社交恐惧感。事实上，别人并不像我们自己那样关注我们的一言一行。有研究表明，当我们在为自己的过错或失误而饱受折磨时，别人根本就没有太在意你的那些过错和失误，甚至很快就把它们抛之于脑后了。就拿夹菜时的失误来说吧，也许当时根本就没有人看到，就算有人看到了，他可能也根本就没有把这样的小事儿放在心上。所以，我们根本没必要那么在意自己的一言一行，也没必要为自己的一点点小过错或小失误而忐忑不安。当你了解焦点效应只不过是我们内心的本能反应后，就能很好地应对自己的社交恐惧感了。

不过，在现实生活中，并不是每个人都了解焦点效应，再加上焦点效应起作用的对象范围非常广泛，所以它常常被销售人员用作公关手段。

说到销售这种工作，它对业务员来说确实非常具有挑战性。许多销售人员因为经验不足，会在一开始就对客户吹嘘“我们的产品有很多优点”“我们的产品卖得很好”等，却没有注意到客户早就不耐烦了。这一点很好理解，因为每个人都是以自我为中心的，客户自然也不例外。没有哪位客户愿意一直耐心地听销售人员解说产品，尤其是陌生的销售人员，除非他现在迫切需要这种产品。

而那些擅长于推销的业务员则不同，他们往往都会首先谈论与客户有关的事，或是客户感兴趣的事，因此能够使沟通逐渐深入，最终赢得客户的信任。因此，在第一次接触客户时，销售人员不妨从与客户有关的事入手，比如一进门就迅速观察一下客户办公室里的摆设，看看客户有什么样的喜好，接着以此为话头展开话题，了解一下客户的个人背景等，再适时提起推销一事。在谈到推销、报价、合同等问题时，如果出现双方僵持不下的局面，也可以自然地把话题再引到客户身上，等等。

李平是一家广告公司的业务员，这一天他如约前来拜访客户陈先生，准备跟他谈一笔广告业务。当李平走进陈先生的办公室时，陈先生正在打电话，于是李平礼貌地在会客椅上坐了下来，若无其事地扫视了一下陈先生的办公室。在陈先生身后，放着一个书柜，书柜里错落有致地摆着各种书籍，在第二层正中间还摆着一张陈先生身穿博士服的照片。照片裱得非常雅致，一侧还写着“大展宏图”四个字。等陈先生挂了电话之后，李平微笑着说：“陈总，您是博士毕业呀？真叫人羡慕。像您这样有才能又掌管着这么大一个公司的人，国内并不多见啊！”陈先生一听，立刻哈哈大笑：“哪里，哪里，过奖了……”之后客户陈先生就兴致勃勃地讲起了自己的光辉历史。李平不失时机地应对着，随后适时而又自然地切入了正题……

总之，在公众场合出错时，不必过于在意自己一时的失误，这样才能给人留下大方、得体、从容的好印象；在与别人交往时，则要利用每个人都希望成为焦点这一心理，给予别人足够的关注，从而拉近与对方的距离。

瓦拉赫效应
要学会经营自己的长处，让人生增值

所谓“瓦拉赫效应”，指的是那些大智若愚者的特殊才能一经发掘就会带来巨大成就的现象，它是根据诺贝尔化学奖得主奥托·瓦拉赫的成长过程命名的。

上中学时，瓦拉赫按照父母的意愿走上了文学之路，谁知到了期末，老师却给他下了这样的评语：“学习用功，但是过于拘泥，不具备文学方面的天赋，几乎不可能在文学领域有所成就。”无奈之下，瓦拉赫只好改学油画。可是，瓦拉赫既不擅长构图，也不会润色，成绩又是倒数，所以美术老师断定他在美术方面也不可能有所作为。其他老师也大都认为瓦拉赫这个“笨拙”的学生不可能成才，只有化学老师例外。化学老师认为瓦拉赫具备一个化学实验员必备的素质——做起事来非常认真，建议瓦拉赫主攻化学。于是，瓦拉赫开始改学化学，最终在脂环族化合物领域取得了创造性的研究成果，促进了有机化学和化学工业的发展，并获得了1910年诺贝尔化学奖。

曾经在文学和艺术领域“不可造就之才”的瓦拉赫，最终却走上了诺贝尔奖的颁奖台。于是，人们就将像这样充满传奇色彩的现象命名为瓦拉赫效应。

瓦拉赫效应表明，**人的各项智能有强有弱，呈现出不均衡性，可是一旦人们找到了自己的强项，并充分发挥自己的潜能，就能取得惊人的成就。**正所谓：“尺有所短，寸有所长。”**一个人只有从事自己擅长的工作，才能实现自身资源的优化配置，如果反其道而行之，去干自己不擅长的事，就很难有所成就。**做自己擅长的事，就是顺从自己的本能行事，这里的“本能”，我们可以理解为人的天赋和天性，是你不同于别人的最大特点。松下幸之助也曾说过：“成功的秘诀在于经营自己的强项，使自己增值。”所以，我们要善于运用瓦拉赫效应，正视自己的弱点，找到自己的闪光点，并充分发挥自己的优势，或者帮助别人发掘他的优势。

西奥多·罗斯福是美国第26任总统，也是美国历史上伟大的总统之一，深受民众爱戴。他生于纽约市的一个富商之家，年幼时体弱多病，患有哮喘。患有疾病的孩子，往往非常敏感，宁愿一个人待着也不愿意跟别人打交道，小西奥多·罗斯福也不例外。不过，小西奥多·罗斯福又跟其他身体不好的孩子不太一样，虽然身体虚弱，不愿意跟人打交道，可是他喜欢户外运动，而且具有一种坚忍不拔的精神，并没有因为同学们的嘲笑而垂头丧气，反而用坚强的意志使喘息声变成了一种坚定的声音，强壮了自己的身体和克服了胆怯心理。除此之外，他还加强了历史、生物、德语、法语等强项的学习，并注意弥补自己在数学、拉丁语方面的不足。受大量阅读的习惯的影响，他具备了超强的记忆力，而且非常健谈。进入政界之后，西奥多•罗斯福进行了一系列大刀阔斧的改革，政绩显赫。到晚年时，几乎已经没有人知道他曾经体弱多病，也没有人知道他当时有多么恐惧，只知道他是一位伟大的总统。

西奥多·罗斯福能够取得这么大的成就，原因之一正是他正视了自己的弱点，找到了自己的闪光点，并充分发挥了自己的优势。

人要找准自己的人生定位，如果定位不当，混迹在自己不擅长的领域，就会浪费机遇，致使自己一事无成。如何找到自己的闪光点呢？一是要敢于尝试，不断地探索。在这一过程中，你可能会经历多次失败依然一无所获，可是即便如此你也要继续坚持下去，直到找到自己的闪光点为止。只要你敢于开始新的尝试，并坚持不懈，就能增加成功的机会。二是虚心听取别人的意见。你可以求助于你身边的亲人、朋友，请他们客观地说出你的优缺点，并请他们给你提一些建议。如果没有可以求助的人，你还可以进行一些专业的科学测验，或是阅读人格类型分析、兴趣爱好引导、职业规划等方面的书籍，从而找到自己的闪光点。在找到自己的闪光点之后，还要确定一个切实可行的目标，并持之以恒地朝着这一目标前进，充分发挥自己的优势。

瓦拉赫效应还被普遍应用在教育教学上。身为老师，不能主观地将学生分为“可造之才”和“不可造之才”，而应该意识到每个学生都有闪光点，并留心观察，设法找到他们的闪光点，为他们创造一定的学习条件，引导他们向优势方向发展，让他们充分发挥自身的潜能，以点燃他们身上智慧的火花。

短板效应
取长补短，才能提高竞争力

大家都知道，一只木桶的盛水量是由构成它的所有木板共同决定的。要想让它盛满水，必须保证所有的木板都等高而且没有破损。只要其中有一块木板比其他的木板短，这只木桶的盛水量就会受到限制。换句话说，这只木桶能够盛多少水，并不取决于最长的那块木板，而取决于最短的那一块，要想使木桶的盛水量增加，只能将那块短板换掉或加长。

对于一个人来讲也是这样。我们考察一个人的能力，不光看他的长处，还要看他的整体素质。即便他在某一方面非常优秀，也不代表他的整体素质很高，因为其他方面的不足之处很可能会拖他的后腿。像这样一种现象，心理学上称之为“短板效应”，又叫“木桶效应”。

俗话说：“金无足赤，人无完人。”没有人是完美的，每个人多少会有一些缺陷或缺点，比如自卑、焦虑、妒忌、贪婪、爱慕虚荣、坏习惯等，它们就像木桶的短板一样，会制约一个人自身才能的发挥，会拉低我们的整体水平。有时候，一些坏习惯甚至有可能葬送一个人的生活、事业，甚至生命。

《荷马史诗》中有个英雄名叫阿喀琉斯，他是凡人英雄佩琉斯和海洋女神忒提斯的儿子。他刚刚出生时，母亲为了使自己的宝贝儿子能够“刀枪不入”，倒提着儿子的一只脚，将他浸到了冥河水中。遗憾的是，由于冥河水流湍急，忒提斯只得紧紧地捏着儿子的脚后跟，丝毫不敢松手，所以阿喀琉斯全身上下只有脚后跟没有浸到冥河水，因此脚后跟成了他唯一的“死穴”。阿喀琉斯长大之后，作战非常英勇，在特洛伊战争中杀死了特洛伊主将赫克托尔，使希腊军转败为胜。太阳神阿波罗庇护特洛伊，而且知道阿喀琉斯的“死穴”，于是张弓射向阿喀琉斯的脚后脚，一箭将阿喀琉斯射死。

这就是至今流传于欧洲的谚语“阿喀琉斯之踵”的来历，它说明了这样一个道理：无论是多么强大的英雄，都有致命的死穴或软肋。

木桶效应不仅发生在神话故事之中，在日常的生活和学习中也是很常见的。就拿学生的各科成绩来说吧，它们就像组成木桶的一块块木板一样，是组成综合成绩这只大木桶的不可或缺的部分。学生要想取得良好的学习成绩，仅仅靠其中几门学科学得好可不行，还得避免某些学科拖后腿的情况。否则，像中考和高考这样的重要考试，总成绩就会受到影响，难以考上理想的学校。

面对这些“短板”，我们不能被它们牵着鼻子走，而是应该客观认识自己，努力弥补自己的薄弱环节，并同时关注和发展自身的优势，注意提高整体素质，全面提升自我。

那么，我们要怎么做才能弥补自己的“短板”呢？

首先，我们要通过自我分析、请教别人等方式客观地剖析自己，认识到自身的优势和劣势，既不高估自己，也不妄自菲薄。其次，充分发挥自身的优势，摸索出最适合自己的学习方法、工作方式，并让自己获得足够的自信心。最后，我们要正视自己的缺点和毛病，尽力加强自己的薄弱环节。这时，可以借鉴自己在优势上的经验，以强带弱，取长补短，从而提高自己的整体素质。

如果把一个企业比作一个“木桶”的话，那么这个“木桶”的最大容量就象征着它的整体实力和竞争力。而决定这只“木桶”的容量的其中一个因素，就是各个木板自身的情况和相互配合的程度。

虽然木桶的盛水量取决于最短的那块木板，可是如果各个木板之间配合得当，就能在某种特定的情况下增大木桶的盛水量。比如，在放置“木桶”时，有意识地将它向长板方向倾斜，这时它的储水量就会比直立放置时要大。只要各块木板之间连接紧密，并按照特定的位置和顺序排列好，它们之间就不会出现缝隙，自然也不会使木桶漏水。

这个道理对企业也适用。一旦有“短板”出现，必须立刻想办法将它加长，以免它对企业内部的其他资源造成影响。只有各个部门之间具有良好的配合意识，并能相互衔接和补位，才能让“企业”这只木桶长久地储满“水”。所以，在管理下属时，管理者不但要关注少数能力超群的优秀员工，还要重视对普通员工潜力的开发，适时地给普通员工一些鼓励和赞赏，否则的话，会使优秀员工和普通员工的才能发挥失去协调，进而影响到整个团队的士气。

巴纳姆效应
避免外界信息的暗示，客观地认识自己

1948 年，美国心理学家伯特伦·福勒让一群人填写了明尼苏达多项人格调查表（MMPI），然后拿出一份被调查者自己填写的结果，还有一份多数人的回答平均起来的结果，让被调查者判断哪一份是自己的结果，最后被调查者竟然几乎都认为后者更切合自己的人格特点。换句话说，人们往往容易受到外界信息的暗示，进而在认识自我时出现偏差，认为一种笼统的、普遍的人格描述准确地揭示了自己的特点。即便这种描述几乎适用于所有人，人们也依然会认为它对自己人格的描述是细致入微的。人们的这一心理倾向，被伯特伦·福勒称为“巴纳姆效应”。由于这一效应最早是由伯特伦·福勒通过实验证明的，所以它又被称为“福勒效应”。

巴纳姆效应在生活中很常见。比如，你是否觉得下面这几种说法非常符合你自己的情况呢？ 1. 你希望别人尊重并喜欢你；2. 你有拖延心理；3. 你有很多潜力没有发挥出来；4. 你有一些缺点是可以克服的，可是你并没有用心去克服它们。这些问题都是心理学家在调查时常用的资料，它们几乎适用于所有

人，所以许多人都认为它们准确地描述了自己的人格特点。

为什么会这样呢？心理学上将巴纳姆效应产生的原因归于“主观验证”的作用，即当某个观点专门描述你本人时，你很可能会接受它，因为“自我”在我们的头脑中占据了大部分的空间，所有与“我”有关的事物都是相当重要的。比如，我们之所以会把手机铃声设置为自己喜欢的音乐，并精心设计自己的卧室，目的就是体现自己的个性。而主观验证之所以会对我们起作用，主要是因为我们心里想要相信某一件事，只要抱着这种想法，我们就能够搜集到各种证据来支持它。即便这些证据与我们毫无关系，我们也能够找到一个让它们符合我们自己的想法的逻辑。况且，人们的基因具有相似性，这导致了人们的大脑机制是相似的，人们的思维也一样。即便人们的生长环境和教育背景是不同的，但是人们的情感大体上依然具有很多共性。

此外，在日常生活中，人们要想认识自己，既不可能时时刻刻都进行自我反省,也不可能总是像个局外人一样观察自己，只能借助于外界信息。所以，人们很容易受到外界信息的影响或暗示，并认为一种笼统的、一般性的人格描述准确地揭示了自己的人格特点，进而以外在的标准来判断和衡量自己，把别人的言行作为自己行动的参照物，从而出现自我认识的偏差，导致对自身的认识不准确的问题。

比如，很多人在跟算命先生交谈过之后都会认为算命先生说得“很准”。事实上，那些向算命先生求助的人本身就具有容易受人暗示的特点。人在情绪低落或是感觉自己无法掌控生活时，会变得缺乏自信心和安全感，心理上的依赖性增强，也比平时更容易接受暗示。而算命先生只要善于揣摩人的心思，并且稍微说出求助者的感受，就会让求助者觉得自己并不是孤独无助的，使求助者获得一种精神上的慰藉。这么一来，即便算命先生接下来说的都是一些无关紧要的话，求助者也不会怀疑他，反而认为他“算得真准”。

为了验证巴纳姆效应对星座性格分析的作用，法国的一些研究人员曾经做过一个测试。他们将杀人狂魔马塞尔·贝迪德的出生日期等资料寄到了一家公司，请该公司运用高科技软件为他们出一份精准的星座报告。三天之后，该公司给出了如下的星座报告：这个人很有道德感，思想健全，适应能力强，充满活力，善于交际，富有智慧和独创性，具有很大的可塑性和潜能，未来生活会富足……可正是这个“很有道德感”的人，事实上却犯下了 19 条命案，与星座预测的结果相差甚远。星座预测除了可以用心理方面的原因来解释之外，还可以用概率论来解释。事物都具有两面性，所以这些预测的准确率一般会是 50%。像“很有道德感”这种大众化的描述也不例外，准确和不准确的概率各占 50%，虽然对马塞尔·贝迪德的预测是不准确的，可是对一部分与马塞尔·贝迪德在同一天出生的人来说却可能是准确的。

早在2000多年以前，古希腊人就已经在阿波罗神庙的门柱上刻下了“认识你自己”这一铭文，可是人们至今都没能完全、准确地认识自己，其原因之一就在于巴纳姆效应的影响。许多人会相信算命、星座性格分析、生肖性格分析、血型性格分析等，也都是因为其中有巴纳姆效应在起作用。

那些伟大的人之所以伟大，并不是因为他们的优点多于缺点，而是因为他们善于认识自己，并能充分发挥自己的优点。而那些失败的人之所以无法做出伟大的功绩，原因之一就是不自知。所以，我们要尽可能地避开巴纳姆效应的影响。为了达到这一目的，我们需要收集足够的信息，或倾听别人的评价，借此了解自己的人格特点；与此同时，也需要更多地与自己内心的感受相连接，了解自己不受人干扰时的真实想法。在与别人做比较时，不能只停留在表面现象上，而应该抓住本质，客观、真实地认识自己，并敢于面对自己的缺点和不足。只有这样，我们才能扬长避短，不断地提升自己。

塞利格曼效应
真正的失败从认为自己不会成功开始

所谓“塞利格曼效应”，指的是这样一种情况：人或动物在不断地受到挫折之后会丧失信心，并陷入一种孤独无助的状态之中，绝望地认为自己对一切都无能为力。

这一效应是美国心理学家马丁·塞利格曼通过一组实验证实的，因此而得名。1967年，塞利格曼在研究动物时做了一组经典的实验。他把一条狗关进一只装有电击装置的大笼子里，然后锁住笼子的门，使狗无法轻易地从里面逃出来。只要蜂鸣器一响，他就启动电击装置，电击的强度刚好能够让狗感受到一种难以忍受的痛苦，却又不会让狗受伤。这条狗刚开始遭到电击时，还会狂奔、哀叫，拼命地挣扎，想要逃到笼子外面去，可是经过多次实验之后，它发现自己始终都无法逃脱，就放弃了努力。只要蜂鸣器一响，它就绝望地趴在地上不动弹。后来，塞利格曼把它放进了另一个笼子里。这个笼子中间有一块狗能够轻易跨越的隔板，隔板的一边安装有电击装置，另一边没有电击装置。当蜂鸣器再次响起时，这条狗原本可以跨到隔板的另一边，摆脱遭受电击的，可是它却既不狂奔也不哀叫，而是惊恐地卧倒在地，开始呻吟和颤抖，绝望地等待着痛苦的降临，而不去尝试有没有逃脱的可能。狗的这种绝望的心理状态，心理学上称之为“习得性无助”。

为了找到防止“习得性无助”心理产生的方法，塞利格曼做了进一步的研究。他重新设计了一个实验，让狗在接受“无法忍受和摆脱电击”之前先学会如何避免遭受电击之苦。他把没有经过电击的狗放进可以躲避电击的那个大笼子里，然后启动电击装置，发现这些狗全都轻易地了跳到隔板的另一边。等到这些狗学会如何逃脱电击之苦时，他再让它们参与第一个实验，发现这些狗就不太容易产生习得性无助心理。

由此可见，在经过不断努力却失败之后，个体确实会丧失自信，产生绝望之心，以至于个体以后的行为都会因此而受到消极的影响。这种情形不但出现在动物身上，也在人类身上有所体现。

1975 年，塞利格曼再次做了一个实验，但是受试者换成了大学生，结果发现他们也产生了习得性无助心理。这些大学生被分成了三组，第一组必须一直听一种噪声，而且不可以让它停止；第二组大学生也听这种噪声，但是可以通过努力让噪声停止；第三组是对照组，不用听噪声，只用于与另外两个组作对比。在经过多次重复实验之后，受试者被要求参加了另外一种实验。实验装置是一个“手指穿梭箱”，当受试者把手指放在箱子的一侧时，会听到一种强烈的噪声；放在另一侧时，就听不到这种噪声。实验结果表明，第一组大学生在听到刺耳的噪声时，会听任噪声一直响下去，而不会把手指移到箱子的另一边去；第二组和第三组大学生在经过一番尝试之后，会把手指移到箱子的另一边去，使自己听不到噪声。这一结果说明了人和动物一样，也会受到塞利格曼效应的影响。

在现实社会里，只要我们细心观察，就会发现：如果一个人总是在一项工作上失败，那么他就会像实验中的那条绝望的狗一样放弃努力，甚至会因此而怀疑自己的能力，觉得自己“什么事都做不成”，简直无可救药。比如有些能力比较差的学生，如果他们在经过一番努力之后仍然不能提高学习成绩，那么他们往往会心灰意冷，甚至讨厌学习，并且认为自己智力低下，根本不可能有大成就。失败的次数越多，他们就越会感到绝望。再比如那些久病缠身的患者，他们因为无力战胜病魔，也容易产生无助感，而且相当依赖别人的意见和帮助。还有一些年轻人，一旦失恋就一蹶不振，认为一定是因为自己人不好……

其实，我们并非真的“不行”，而是受到了塞利格曼效应的影响，陷入了习得性无助的心理状态之中。这种心理让人们把失败的原因归结为自身不可改变的因素，让人觉得自己根本控制不了整个局面。一旦产生这种感觉，人们的精神支柱就会倒塌，勇气、信心和斗志也会随之丧失，不愿意再继续尝试，宁可破罐子破摔。受到塞利格曼效应的影响而产生的绝望、抑郁和意志消沉等消极情绪，是许多心理和行为问题产生的根源。

要想抵制塞利格曼效应的消极影响，我们必须意识到这一点：既然无助是习得的，那么积极的态度也可以通过有意识的学习和练习获得。在现实社会里，每个人都有遭受挫折和失败的时候，只不过每个人所经过的挫折和失败的程度不同而已。虽然有许多事情我们无法避免，但是我们面对失败的态度却是可以掌控的。俗话说："态度决定成败。"在遇到挫折和失败时，只要怀着积极的心态，保持坚定的信念和希望，提高自己的抗挫折能力，并注意改变策略，幸运之神就会眷顾我们。

情绪效应
控制自己的坏情绪，避免恶性循环

“情绪效应”又叫“情感效应”，是指一个人的情绪不但会影响到他对交往对象的评价，还会影响到双方良好的人际关系的建立。

情绪大致可以分成负面情绪和正面情绪两种。当人处于不同的情绪状态时，会对外部刺激产生不同的反应。同样一件事，在具有负面情绪的人眼里是不好的，而在具有正面情绪的人眼里却是好的。相信很多人都有过这样的切身体会：当你心情愉快时，看什么都顺眼，做什么事都顺手；可是当你情绪低落时，则会觉得什么东西都碍眼，什么事都做不好。

有一位老太太每天都愁容满面，于是有个邻居就忍不住问她：“你为什么每天都不开心呢？”老太太回答：“我有两个儿子，大儿子是卖雨伞的，小儿子是卖草鞋的，天晴时我担心大儿子的雨伞卖不出去，下雨了我又担心小儿子的草鞋没人买！”

邻居听了，不禁笑着劝导她说：“你可以换一个角度想问题啊！天晴时，你就想小儿子的草鞋可以卖出去了；如果下雨了，你就想大儿子的雨伞可以卖出去了。你这么一想，每天不就都能开开心心的吗？”老太太一听，觉得很有道理，就照着做了，果然变得开心起来。

不过，现实社会里有许多人却做不到这一点，以至于常常被自己的情绪左右。生理学研究表明，人在怀有负面情绪时，身体会产生一系列的变化和反应，这些变化和反应不但会给人体带来伤害，甚至还有可能危及人的生命。比如，人在气愤的时候，会出现心跳加速、心律失常等生理变化，致使心脏受到邪气的侵袭，进而诱发心慌、心痛、呼吸急促、胸闷、咳嗽、忧虑、不思饮食等症状，给心脏、肺、脾和胃都造成了很大的伤害。除此之外，气愤还会使肾气不畅，致使身体出现面色苍白、浑身乏力、四肢发冷、尿道受阻或小便失禁等症状，进而引起肝部的疼痛，可谓既伤肾又损肝。总之，气愤带给人体的伤害是极大的。那些动不动就生气的人，很难健康、长寿，许多人其实是“被气死的”。

不仅人会受到气愤等负面情绪的影响，动物也一样。

在广阔的非洲草原上有一种吸血蝙蝠，它们不但相貌丑陋，而且靠吸食动物的血液为生。它们非常贪婪，每只蝙蝠每晚所吸的血液量超过其体重的一半，虽然它们身型极小（体长一般不超过9厘米，体重也只有几十克），却是大块头的野马的天敌。它们在攻击野马时，经常吸附在马腿或马头上，用锋利的牙齿敏捷地咬破野马的皮肤，吸食里面的血液。一旦受到这种外来袭击，野马就忍不住又蹦又跳，甚至狂奔不止。可是，无论野马怎么努力，都无法驱逐贪婪的吸血蝙蝠。它们每次都从容地附着在野马身上，直到把肚皮撑得饱饱的，才心满意足地飞走。许多野马因为无法忍受这种折磨，最终无奈地在暴怒和狂奔中死去。

在分析这一现象时，动物学家们一致认为野马死于自己的愤怒。因为，对野马这只庞然大物来说，吸血蝙蝠一次所吸的血液量是微不足道的，根本不会对野马造成致命的伤害。如果野马对吸血蝙蝠的吸血行为没有做出那么大的反应，也许不至于被吸血蝙蝠折磨致死。

除了愤怒之外，嫉妒等负面情绪也会给有机体带来伤害。曾经有一位医学心理学家用狗做了一个实验，证明了这一点。他把一只饥饿的狗关进一只铁笼里，然后在笼子外面放了一些肉骨头，让另一只狗来吃。笼子里的狗看见另一只狗吃得津津有味，表现出急躁、气愤、嫉妒的神态，随后还做出了一些病态的反应。

大量的心理学实验表明，不光愤怒和嫉妒是一种具有破坏性的负面情绪，恐惧、焦虑、抑郁、敌意等情感也一样。如果有机体长期被这些心理问题困扰，就会患上各种疾病。

生活中难免会遇到一些不顺心的事，如果一遇到麻烦事就激动不已，甚至暴跳如雷，不但对身体健康有害，而且不利于我们冷静地解决问题。虽然我们难免会受到外界因素的影响，但我们的情绪却是由我们自己的心态和想法决定的。

不过，美国心理学家南迪·莱森的一项研究表明，普通人一生之中平均有十分之三的时间都处于情绪不佳的状态之中，所以如何有效地调节情绪，让自己能够管理好情绪，是生活中的一件至关重要的大事。下面是心理学专家为我们提供的几条建议。

第一，找到让自己闷闷不乐甚至忧心忡忡的原因。一旦了解了自己真正苦恼和恐惧的是什么，就会发现事情并没有那么糟糕，这时再找出问题的症结所在，就能集中精力解决问题，从而消除内心的焦虑不安。

第二，认识、尊重并遵循人体的“生物节奏”，理性地面对不良情绪。美国心理学教授罗伯特·塞伊说：“情绪变化并不仅仅是由外部因素造成的，还跟人们身体里的‘生物节奏’有关，可是许多人却忽视了这一点。事实上，无论是吃的食物、健康水平、精力状况还是不同的时间段，都有可能影响到人们的情绪。”根据塞伊教授的研究可知，那些睡得很晚的人往往更容易产生坏情绪；此外，坏事并非什么时候都能使你烦恼，而是往往只在你精力最不济时才会影响到你的情绪。因此，我们应该遵循人的情绪变化的规律性，这样才能胸有成竹地应对和控制坏情绪。

第三，保证充足的睡眠。由罗伯特·塞伊教授的研究可知，人在精力充沛时心情也更愉快，不容易受到外界因素的影响，可是如果睡眠不足,那些令人烦恼的事就更容易左右人的情绪。实验表明，当一个成年人每晚保证 8 小时左右的睡眠时间时，他们的心情最舒畅，看待事物的态度也更加乐观。

第四，合理饮食。人的大脑活动时所需的能量，全都来源于人们所吃的食物，所以人们情绪的波动也往往跟他们所吃的食物有关。我们应该养成良好的饮食习惯：定时吃饭，尤其注意不能不吃早饭；每天摄入的糖和咖啡等容易影响人的情绪的食物要适量；脱水容易让人产生疲劳感，因此要注意多喝水，每天饮用的水量以六至八杯为宜。

第五，多运动。相关研究表明，健身运动能够使人体产生一系列有助于提神醒脑的生理变化。哪怕只是短短 10 分钟的散步，也有助于消除坏心境。不过，要想取得明显的效果，最好从跑步、体操、骑车、游泳以及其他一些具有一定强度的有氧运动开始。如果运动结束之后再洗一个热水澡，就会取得更好的效果。可以说，健身运动是一种非常有效的消除不良情绪的方法。

第六，亲近自然。与自然亲近，不但能够让人感到心情舒畅，还能让人变得开朗，这一点已经被美国一位心理学家经实验证实了。这位心理学家分别把两组受试人员安排在不同的工作环境中，结果发现办公室靠近自然景物的那一组受试者对工作的热情更高，很少出现不良情绪，工作效率也要高很多，而另一组办公室位于闹市的受试者则很容易产生不良情绪，工作也受到了影响。

第七，保持积极、乐观的心态。有一位心理学家曾经说过这样一句话："从本质上看，我们周围的环境其实是中性的，是我们给它们赋予了积极或消极的色彩。"既然如此，那我们为什么不学学上面的故事中所说的那位老太太，成为情绪的主人，让自己开心起来呢？

最后通牒效应
给自己设定完成任务的期限，效率才能提高

所谓“最后通牒效应”，就是人们在面对不需要马上完成的工作或任务时，往往会以准备不足等为由，迟迟不肯行动，一直拖到最后期限即将到来时，才会努力去做，而且基本上能够按照要求完成任务。

为了证实这一效应的存在，曾经有一位教育家做了一个实验。他找了一篇课文，让一些小学生阅读，但是没有规定时间，结果小学生们用了 8 分钟才把它读完。后来，这位教育家又规定这些小学生必须在 5 分钟内把那篇课文读完，结果小学生用了不到 5 分钟的时间就把课文读完了。由此可见，最后通牒效应确实是存在的，它反映了“最后通牒”对人们的行为具有督促作用。

在日常生活、学习和工作中，普遍可以见到最后通牒效应的存在。就拿寒暑假作业来说吧，假期开始后，只有一小部分学生不必家长催促就从第一天开始做作业，而且很快就能完成；而剩下的大部分学生，则往往要拖到几天后，甚至是开学的前几天，才匆匆忙忙地开始动笔。这样一种经历，相信许多人都

亲身体验过！

心理学家指出，拖拉是一种坏习惯，容易引起人们的焦虑和内疚，对人们来说其实是一种心理折磨。除此之外，许多拖拉的人还有一个错误的观念，那就是自以为他们在面对重压时会有更加出色的表现。比如，许多喜欢拖拉的人都说："我之所以拖到不能再拖时才开始行动，是因为只有在有压力的时候，我的工作效率才能达到最佳，而且会想到很多好的创意……总之，压力不但不会让我受到损失，而且能够为我节省很多时间，让我更加高效，所以我喜欢在压力下工作，也不觉得拖拉有什么不好。"这其实是一种自欺欺人的心理。心理学家发现，在面对压力时，许多人的表现都是更差而不是更好。因为，在面对一项工作或任务时，如果只是一味地拖拉，那么人们就不得不对它投入更多的准备时间，而且即便人们并没有着手去处理它，心里也会一直惦记着它，以至于情绪受到了影响，既不能真正高兴地放松一下，也不能一心一意地做其他事。长此以往，人们的心理负担就会加重，甚至出现思路不清晰、身心俱疲的情况。结果，一件原本只需要花几分钟时间就能解决的事，却用了几个小时甚至更长的时间，还让拖拉者时刻都处于紧张或忧虑的状态，甚至带来无法挽回的后果。有一位著名作家就曾经表示，在面对压力时，他往往无法正常地发挥自己的水平，所以他对自己在压力下创作出来的作品也感到不满意。

其实，人们做事总是拖拉的最主要的原因，就是他们对将要面对的工作或任务不太了解，不知道会不会遇到困难和挑战，因此而产生了一种恐惧心理。然而驱除恐惧的唯一方法，就是尽早行动起来，勇敢地面对它、处理好它。只有尽早行动起来，才能有时间解决问题和困难，从而摆脱恐惧。

在采取行动时，不妨把一切都具体化、步骤化，以便将来把它们付诸实施。比如，提前给自己设定一个期限，以便合理地安排好自己的时间，再制订一个合理的计划。在制订和执行相关计划时，要分步骤地完成各阶段的任务，并规定好完成各阶段的任务的确切时间，按计划向自己发出"最后通牒"，以督促自己按计划行动，强迫自己在规定的时间内完成相应的任务。只有这样，我们才能尽早完成任务，而不至于时刻都忧心忡忡的。也就是说，我们要主动给自己下"最后通牒"，主动避免出现到了最后关头才拼命赶工的情况，使自己处于主动地位，从而避免出现完不成任务或影响任务完成的质量的情况。

除此之外，还可以事先把完不成工作或任务的不良后果列出来，时刻警告自己不要拖拉。比如，我们不妨这样对自己说："如果一直拖拉，以至于超过了期限，那么后果会怎么样呢？我能承担起这个后果吗？我的收入会不会因此而遭到损失？会遭到多大的损失呢？我的健康和人际关系会不会也因此而受到影响呢？尽早完成和拖拉到最后才做有什么区别呢？因为未知的恐惧而拖拉，值不值得？既然迟早都要完成它，那我为什么不勇敢地战胜自己的恐惧，尽早地行动起来呢？说不定很快就能完成任务了呢！到那时，我既能获得成就感，又能获得一定的物质利益，还能少承受很多精神压力……”这样想也能消除我们内心的焦虑和内疚，并促使我们尽早行动起来。

瓦伦达效应
越在乎什么，越容易失去

任何人要想做好一件事，都必须专注于事情本身，而不应该患得患失地去考虑结果，否则就容易失败，这就是心理学上的一个著名论断——“瓦伦达效应”。

瓦伦达效应来源于一个真实的故事，主人公就叫瓦伦达。

瓦伦达是美国著名的高空钢索表演者，他因精彩而又稳健的表演技术而得到观众的喜爱。

一次，有些全国知名的重要人物要来欣赏杂技表演，杂技团考虑到瓦伦达此前从未出现过一次事故，决定派他上场表演高空走钢索。瓦伦达知道，如果这次表演成功的话，那么他不但能够给杂技团带来丰厚的利润和极大的支持，还能巩固自己在演技界的地位。因此，他相当重视这次表演，在表演的前一天就开始仔细地琢磨表演的细节，甚至把每一个动作和细节都想了许多遍。

表演开始时，他照例没有系上保险绳。许多年来，他都没有出过差错，因此这次他也有十足的把握不会出错。可是，这次偏偏就发生了出人意料的事。当他走到钢索中间，只做了两个难度并不算大的动作之后，就突然失了足，从 10 米高的空中摔到地上，不幸身亡。

事后，他的妻子说："我已经猜到了这次很可能会出事，因为以前他每次参加表演时都一心想着走好钢丝这件事本身，而没有在意表演失败可能带来的后果，可是这一次却不一样，他在出场之前一直在说：'这次表演非常重要，不能失败！'"

类似的例子在现实生活、学习和工作中还有很多。比如，有些学生平时学习非常用功，也收到了预期的学习效果，可是一旦进入考场就开始精神紧张，既希望自己能够考出好成绩，又担心自己的水平不能正常发挥，以致压力过大，最终发挥失常。

许多人在做事情时，往往想得太多，既担心事情的结果不好，又非常在意别人对自己的看法，可是恰恰忽略了事情本身。而一旦人们过多地关注事情的结果时，大脑就会被各种欲望塞得满满的，因而容易患得患失，往往会偏离预定的轨道，无法专注地把事情做好，甚至招致更严重的后果。如果平时学习用功的学生能够以平常心对待每一场考试，那么正常发挥应该不是什么难事；如果瓦伦达不患得患失，而是专心地想着走好钢索这件事本身，那么以他的经验和技能来看，他是不会出事的。

不过，由于瓦伦达效应在日常生活、工作和学习中经常会有意无意地出现，所以许多人往往难以克服它的消极影响。美国斯坦福大学的一项研究表明,在人的大脑中产生的某一图像,会像实际事物那样对人的神经系统产生刺激作用。换句话说,当人们头脑中浮现出什么样的画面时，人们的现实生活就会受其影响，进而使得该画面中出现的情形变成现实。比如，当一位排球运动员再三告诫自己不要让球飞到场外时，他的大脑里就会浮现出球飞到场外的画面，他在发球时受到了这一画面的影响，结果刚好让球飞到了场外。这样一项研究，进一步证实了瓦伦达效应与个人成功之间具有密切的联系。

瓦伦达效应的消极作用，无疑给个人的成功带来了极大的阻碍。可是，瓦伦达效应的积极作用也同样不可小觑。那么,我们到底应该怎么做才能扬长避短呢?

首先，要专心致志。无论做任何事，都应该全力以赴，专心致志地把它做好。只有心无杂念，认真地体验做事的过程，才能高度集中注意力,只关注事情本身,而不会受到其他因素的干扰。

瓦伦达能够走好钢索，就跟他的专心致志具有密切的关系。由于走钢索活动是在没有安全设施的情况下展开的，这关乎人的生命的安危，不容许当事者有丝毫的马虎心理，所以瓦伦达的注意力容易集中，能够做到专心致志，自然也容易取得成功。可是，当他开始注重走钢索的结果时，患得患失的心态使他不能一心关注走钢索活动本身，这才出了意外。

其次，要熟练。俗话说：“熟能生巧。”通过后天的训练,熟练地掌握某项技能,就可以减少紧张,帮助人们集中注意力。

最后，保持一颗平常心。只有付出相应的努力，并保持一颗平常心，才能没有心理负担，一心一意地做好眼前的事情，最大限度地发挥自己的潜能。

当你全身心地投入某件事时，你会发现你的身心都在这一过程中得到了成长。像这种经验的积累和亲身体验的过程，远远比结果重要。所以，我们既要积极地投入其中，又要保持一颗平常心，提前做好失败的准备。换句话说，凡事都做最坏的打算，但是不能凡事都想着最坏的情况，而应该全力以赴地去做事。即便很可能会失败，也要敢于接受失败，并相信一切都会过去。因为只有敢于接受并积极面对失败的人，才会总结经验教训，为下次胜利打好基础，才是真正的强者。

现实生活中有大量的实例，都充分地证明了这一点：只有拥有一颗平常心，才有可能避免瓦伦达效应。靠自学成才的科学家法拉第就说过这样一句话："拼命去取得成功，但不要期望一定会成功。"没错，瓦伦达当初没有想过要借助表演来扬名，而是保持了一颗平常心，以至于美名、金钱对他来说都是身外之物，所以这时他反而取得了成功。相反地，如果一心想着挣钱和扬名，动机强度过大，行动就会受到影响，往往容易出现问题，要么不再协调，要么出现失误。

总之，无论做什么事，都不要畏首畏尾、三心二意，更不要提前预测可能出现的各种结果。只要专注于事情本身，用心地把事情做好，就容易得到自己想要的结果。

布里丹毛驴效应
犹豫不定，便会输得干干净净

布里丹是法国著名的哲学家，他之所以出名，据说是因为他证明了这么一点：在两个相反而又完全平衡的推力下，个体要想随意行动是不可能的。关于这一点，有一则与布里丹有关的经典故事为证。这则故事的大致内容如下。

布里丹养了一头小毛驴，因此他每天都向附近的农民买草料，来喂这头小毛驴。

这一天，卖草料的农民出于对身为哲学家的布里丹的景仰，另外赠送了一堆草料给布里丹。那头小毛驴见了那两堆数量、色泽、新鲜度等一模一样的干草，无法分辨出其中哪一堆更好，一时之间竟没了主张，只好左看看右瞅瞅，始终都犹豫不决，无法决定应该选择哪一堆来吃才好，最后竟然在无所适从之中活活地饿死了。

后来，人们从这个故事中受到启发，称这种在决策过程中犹豫不定、迟疑不决的现象为“布里丹毛驴效应”。

古语有云：“鱼和熊掌不可兼得。”这句话所说的情况无疑与布里丹毛驴效应所要说明的情况类似。除了这句古语之外，在古代的一些故事里也能见到布里丹毛驴效应的影子。在清代文学家蒲松龄所著的小说集《聊斋志异》里，就记载着一则体现了布里丹毛驴效应的故事，下面是故事的详细内容。

有两个牧童一起上山，在深山里发现一个狼窝，窝里有两只小狼。这两个牧童商量了一下就各自抱了一只小狼，分别爬到两棵相距只有几十步远的大树上。

不一会儿，大狼外出归来，发现小狼不见了，非常惊慌。一个牧童见大狼归来，在树上掐起小狼的耳朵来，还把小狼的蹄子扭来扭去，使得小狼疼得“嗷嗷”大叫。大狼听见小狼的声音，急忙抬起头来，看到这一情形，不禁气急败坏地狂奔到树下，在树下乱抓乱叫。

这时，第二个牧童也拧起自己怀里抱着的那只小狼的腿，痛得那只小狼也嚎叫起来。大狼闻讯，连忙又跑到另一棵树下，像刚才那样乱抓乱叫。第一个牧童见状，又弄得小狼嚎叫起来。大狼连忙又转过身来，扑向第一棵树，不停地嚎叫、撕抓、奔跑。

就这样，大狼在两棵树之间奔波了几十个来回之后，大狼越跑越慢，叫的声音也越来越小，最后竟然奄奄一息地躺在了地上，久久都没有动弹。随后，两个牧童才从树上下来，发现大狼早已累得气绝身亡。

这只大狼之所以会累死，就是因为它护犊心切，不想放弃任何一只小狼，想把它们都救下来，因此中了牧童的圈套。如果大狼守住其中一棵树，那么它不但不会累死，还有可能救回小狼，在这种情况下，处于被动地位的就是牧童了。

可以说，布里丹毛驴效应是决策的大忌。布里丹的毛驴之所以会饿死、大狼之所以会累死，就是因为它们不懂得如何决策，左右都不想放弃，犯下了既想得到“鱼”又想得到“熊掌”的大忌，以致最后落得那样的下场。

人生在世，难免要面临各种选择，如何做出选择，对人生的成败得失关系极大，因此大家都希望获得最佳的结果，于是常常在抉择之前反复权衡利弊，再三斟酌，甚至犹豫不决。这种思维方法和行为方式虽然追求的是利益的最大化，可是实际上却是不明智的，也是不现实的，因为在很多情况下，机会都是稍纵即逝的，不会有足够的时间让我们反复思考。在《吴子·治兵》中，就有一句类似的话：“用兵之害，犹豫最大；三军之灾，生于狐疑。”这句话的大意是：“用兵最大的危害，就是拿不定主意；给三军带来灾难的，是多疑和犹豫不决。”《孙子·九地》中也说：“兵之情主速。”也强调了行动要迅速，而不宜犹豫、迟疑，否则就会触犯用兵的大忌。“当断不断，反受其乱。”说的也是这个道理。我们身边的环境就像战场一样，也是瞬息万变的，在信息更新速度越来越快的今天尤其如此，千载难逢的机会可能转眼即逝，这就要求我们必须迅速做出决定，如果我们总是犹豫不决、举棋不定，而不能当机立断，就会错过最佳的选择时机，以致最后输得干干净净，只能追悔莫及。

延迟满足效应
自律的人有大格局

为了获得更大、更长远的利益，一些人会自愿延缓或放弃眼前较小的利益。为了证实这一心理现象的存在，心理学家萨勒曾经做了一个经典的实验，即迟延满足实验。

萨勒找到一群 4 岁的儿童，给了他们每人一块糖，对他们说："如果你马上把糖吃掉，就只能吃到一块糖。可是，如果忍耐 20 分钟，等我买完东西回来之后再吃，你就可以多得一块糖。要是有谁不愿意等这么久，就只能得到一块糖，马上兑现！"

对 4 岁的孩子而言，这无疑是一道很难解答的选择题。每个孩子都想得到两块糖，而且想马上就把糖吃掉，可是现在的情况却是如果想得到两块糖，就只能再等 20 分钟；如果马上把糖吃掉，就只能得到一块糖。这让所有的孩子都感到非常为难。

随后，萨勒走出房间，悄悄地在外面观察他们。在他离开之后，有三分之一的孩子急不可待地把糖塞进了嘴里；另外三分之二的孩子为了得到两块糖，选择了耐着性子等待。当然了，这三分之二的孩子也很难控制自己的欲望，可是为了转移自己的注意力，以免受到糖的诱惑，进而获得丰厚的奖励，其中还是有许多孩子都闭上了眼睛，或是双臂抱头假装睡觉，抑或自言自语、唱歌跳舞，只希望 20 分钟赶紧过去。

在这之后，萨勒对这群受试者进行了多年的追踪调查。在他们长到 16 岁时，萨勒发现其中那些曾经以忍受诱惑而获得两块糖的孩子，大都坚强、充满自信、具有较强的自制能力和独立自主精神，乐于接受挑战， 善于处理问题；而那些选择了立刻把糖吃掉的孩子则不同，他们大多任性、多疑善妒、优柔寡断、好惹事、心理承受能力差、自尊心容易受到伤害……

最终，结果也证明了那些为了得到两块糖而耐心等待的孩子在事业上更容易获得成功。

在没有外界监督的情况下，个体通过适当的自我调控，在抑制冲动、抵制诱惑、延迟满足、达成目标等方面所具有的综合能力，叫自我控制能力。受心理特征、教育背景、生活环境等因素的影响，人们的自我控制能力存在一定的差异。

实验证明，自我控制能力越强的人，往往越容易取得成功。像这样一种现象，被心理学家称为“延迟满足效应”，又叫“糖果效应”。

从延迟满足效应中，我们可以悟出这样的道理：“只有善于抵制眼前的小诱惑，将来才能收获更多。”

在现实生活中，许多人要么没有一个明确的目标，要么意志不够坚定，没有坚持追求自己的目标，要么抱着一种“及时行乐”的心理，贪图享受，所以往往不加约束地放纵自己。可是，在经过了一次又一次的自我满足之后，他们迷失了方向，失去了原有的优势，最终一事无成。

当然，也有许多例外，其中有些人甚至不惜走上一条充满艰辛的道路。比如，有些研究人员为了解开自己内心的某个疑惑，克制了自己的许多欲望，数十年如一日地进行研究。在这一过程中，既要具备异于常人的耐心和毅力，也要甘于清贫、忍受寂寞，还要抵制各种诱惑、扫除各种障碍。为什么这些人会选择这么艰辛的道路？难道他们不想过舒适的生活吗？当然不是了！他们之所以会放弃眼前的舒适，延迟满足自己的欲望，是因为他们渴望实现更大的目标，从而获得更大的满足。

陈平和张子杰是同班同学。大学毕业之后，他们俩被同一家单位聘用。刚入职时，他们俩都觉得这个工作机会来之不易，心里非常激动，决定大干一番，希望将来可以过上好日子。

陈平性格活泼，善于交际，所以刚到单位没多久就跟同事们打成一片，还经常跟朋友们出去聚会。时间一长，陈平虽然也想静下心来做些研究工作，但总是抵不过朋友们的邀约，把业余时间都花在了吃吃喝喝上。张子杰就不同了，他喜欢安静，为人踏实稳重，工作时专注于工作，下班之后就坐到书桌前看看书写写字，强化自己的能力。

三年之后，单位评职称，张子杰拿出了自己近来在学术期刊上发表的数篇论文，获得了中级职称，并升了职。陈平整天忙于应付各种人情琐事，根本拿不出任何证明自己能力的材料，因此只能继续担任助理级职务。

又过了十来年，张子杰的一项研究申请了国家专利，这使他的生活有了稳固的保障。而陈平却依旧为评职称的事而奔波。

在上述故事中，陈平和张子杰的目标都是过好日子。可是，在确立目标之后，陈平却只顾满足眼前的利益，而没有为了目标磨炼自己，最终一事无成；张子杰则放弃了一时的吃喝玩乐，一直坚守自己的目标，最终实现了自己的愿望。

由此可见，延迟满足欲望的过程虽然艰辛，可结果却是甜美的，值得我们为了它而长期坚持下去。如果你觉得难以忍受这种艰辛，不妨以那些成功人士为榜样。在追求目标的过程中，那些成功人士为了激励自己继续前进，会不断地自我肯定，比如在实现阶段性目标时给自己一个物质或精神奖励。还有一些人为了抵制诱惑和减压，选择了用文字来启发自己，比如列出一些可能出现的诱惑及其危害，让自己对它们有一个清醒的认识，再写出应对策略，提前做好抵制它们的准备。

贝尔纳效应
目标专一方能有所成就

J.D. 贝尔纳是英国的一位科学天才，他不但勤奋刻苦，而且具有丰富的想象力和非凡的洞察力。作为一名科学家，他在科学方面曾经做过奠基性的工作，在结晶学、分子生物学、科学社会学等方面也都提出了许多天才思想，并做过许多前沿性的研究。比如，在研究过蛋白质晶体的第一批 X 射线衍射图之后，他就凭借过人的才智敏锐地预见了蛋白质的结构问题可以得到解决，这一科学思想在当时是非常了不起的。据说，他在饭桌上的一席话所迸发出来的思想火花，足够别人研究一辈子。因此，贝尔纳的同事和学生都一致认为，从创造天赋来看，贝尔纳完全有可能多次获得诺贝尔奖。可是，就是这样一位既勤奋又极具天赋的科学家，却从未获得过诺贝尔奖，他一生中最高的荣誉也不过是获得英国皇家学会的勋章和国外的院士之职。

为什么贝尔纳没有获得过诺贝尔奖呢？有一种公认的回答是：“他总是通过自己非凡的洞察力提出一个问题，或是根据自己丰富的想象力抛出一种思想，却没有花心思去做进一步的研究，而是把解决问题的任务留给了别人，使得别人有了创造出最后成果的机会。”他也曾经研究过氨基酸、维生素、液体的结构、陨星上的生物、大陆漂移等问题，但最终都没有取得辉煌的成就。可以说，他在每个领域都曾经提出过一些很有前景的问题。可是，全世界有许多原始思想来自贝尔纳的论文，最终却都在别人的名下问世了。他总是在一个地方挖一个坑，然后就迅速转移到别的地方去了，把挖出泉眼的机会都留给了别人。正是因为缺乏恒心，他才蒙受了这么大的损失，因此他的许多朋友都替他感到惋惜。有人认为，哪怕他对自己提出的任何一个问题进行了深入的研究，他都有可能获得诺贝尔奖。

由此可见，兴趣过于广泛、思维过于发散，对进行细致深入的研究是相当不利的，这种现象被心理学家称为“贝尔纳效应”。

受贝尔纳效应的影响，人们很难见到能够同时在数个领域都有所建树的文武全才，就更不用说既在自然科学领域取得了惊人的成就又同时精通文史哲的奇人了。

也许有人会说，虽然这样的人才现在很少见，可是在古代却不乏其人，比如古希腊的阿基米德，他不但是一位伟大的哲学家，还是一位数学家、物理学家兼力学家，他的研究还对静态力学和流体静力学起到了奠基作用。再比如发明了避雷针的美国人本杰明·富兰克林，他不但是著名的科学家、政治家，同时还是出版商、印刷商、记者、作家、慈善家，更是杰出的外交家，还是美国第一位邮政局局长。还有1950年诺贝尔文学奖得主伯特兰·罗素，他不但是英国著名的文学家、哲学家、数学家、逻辑学家和历史学家，还是20世纪西方影响力较大的学者和社会活动家之一。

这三位跨越了文、理两大领域的重量级学者，显然都具备很强的发散型思维能力。可是，有一点却不容我们忽视，那就是在他们所处的时代，无论是科学分工的细致程度还是科学研究的深入程度，都远远不像今天这样细密。随着社会分工的逐步细化，以及科学水平的迅速提高和越来越专业化，当今人们无不越来越受到贝尔纳效应的制约。有时候，哪怕只是一个课题或一个实验，也需要花费十年甚至几十年的时间才能研究成功，所以根本没有足够的时间再去做其他研究，自然也很难像阿基米德他们那样取得巨大的成就。

既然兴趣过于广泛、思维过于发散不利于细致深入的研究，那我们在做一件事情时就应该专心致志，精益求精，这样才能克服贝尔纳效应的消极影响，真正地做好一件事，进而取得更大的成就。被誉为“人类文学奥林匹克山上的宙斯”的威廉·莎士比亚，就是凭着对戏剧一心致志、持之以恒的专注精神，才最终成长为杰出的戏剧家和诗人，乃至欧洲文艺复兴时期最重要的作家。

莎士比亚出生在英国中部瓦维克郡埃文河畔一个名叫斯特拉特福的小镇上，父亲是一个经营羊毛、皮革和谷物买卖的杂货商。7岁时，莎士比亚开始在一所文法学校就读，经过6年的学习，他掌握了写作的基本技巧和丰富的文学知识。在此期间，经常有旅行剧团去他的家乡演出。他被感人的故事情节打动，经常一场又一场地观看这些表演，内心深处对戏剧的热情也随之逐渐被激发出来，因此他经常跟着剧团人员，向他们打听这打听那。渐渐地，莎士比亚不再满足于只是看戏，他意识到，只有参与其中才有意义，于是他开始邀请小伙伴们跟他一起模仿戏剧表演。在模仿的过程中，他又觉得有必要像戏剧演员们那样按照剧本来演，因为这样才能演得更好，于是他又去跟剧团人员借剧本，悉心研究和琢磨，并根据其中的情节做出相应的手势；如果遇到看不懂的地方，他还主动向父母、周围的人或剧团人员求教。等到归还剧本时，他不但能够滔滔不绝地讲述他对剧本的看法，还让剧团人员给他提建议。继看表演、模仿表演和研读剧本之后，他还做过演员、导演、编剧。在做编剧之初，他只是改编前人的剧本，之后才开始独立创作剧本，最终因自己的作品而蜚声社会各界。

当今社会充满了机遇，让人眼花缭乱，人们往往想要抓住每一个机会。可是什么都想抓住的心理，不但会使事情变得杂乱，而且会分散人们的精力，使得人们根本无法真正地做好一件事，只会让人疲于应付，最终以平庸收场。只有在最恰当的时候选择一件最重要的事情，然后全心全意去做，才能收获成功。

所以，要想取得惊人的成就，必须让自己全神贯注地投入到某件事情或某个领域之中，并且持之以恒地努力探索。要做到专注于一件事并不难，首先要找到能够激发自己的兴趣的事，然后不断地提醒自己要努力做好这件事，直到取得了真正的成功为止。

在塑造年轻一代的品格中起到关键作用的教师，不一定要有贝尔纳的天赋，也不一定要是某学科的权威，但是必须要懂得培养学生的兴趣爱好，激发学生的求知欲，从而促使学生更快地成长和进步，这样才能让学生“青出于蓝胜于蓝”。

紫格尼克效应
保持适度的心理张力，趁热打铁

布鲁玛·紫格尼克是一位美籍心理学家，她曾经给128个孩子布置了一系列作业，却不让孩子们把这些作业做完，而是让他们中途停止了。一个小时之后，紫格尼克重新测试，结果发现竟然有110个孩子对之前那份没做完的作业仍然记忆犹新。

这一实验证明了这样一种心理现象：人们比较容易忘记已经完成的工作，却难以忘记那些未完成的工作。由于它是布鲁玛·紫格尼克最先发现的，因此心理学家称其为“紫格尼克效应”。

为什么人们会对未完成或未满足的事情记忆犹新，却容易忘记已完成或已满足的事情呢？这是因为人们都具有一种“完成欲”。

你不妨试着一笔画一个圆圈，并故意在起笔和落笔交汇的地方留一小段空白，然后看着这个不完全的圆圈。这时，你脑子里必定会闪现出这样一个念头——这并不是一个真正的圆，随后就产生了一种未完成感，于是不由自主地拿起笔，把那一小段空白补上了。否则的话，你会觉得这是一种缺憾。

德国心理学家勒温认为，人类具有一种完成一个行为单位的自然倾向。具体来说，就是当一件事情没有做完时，人们的心理和生理会一直保持一种想要把它完成的惯性和欲望。比如，即便是一本枯燥乏味的书,许多读者也会强迫自己继续往下看，期待下一章的内容会精彩一点儿。在打电话之前，我们可以清楚地记住想要拨打的号码，可是一旦挂断电话，我们就会立刻忘掉它。越是得不到的东西，人们越觉得它宝贵；而那些轻易得到的东西，人们却将它们弃如敝屣。还有一些电视剧迷，虽然非常讨厌节目中插播广告，但是依旧会硬着头皮把广告看完而舍不得换台，因为他们担心错过电视剧的内容。也正因为如此，商家往往选择在剧情发展到紧要之处时插播广告，迫使观众被动地将广告看完，以达到自己的宣传目的……

勒温指出，人们之所以会产生这种心理，是因为人类在做一件事情时心里会产生一个“张力系统”，这一系统决定了人们的行为倾向和心理基调，使人们处于紧张的心理状态之中，当这件事情被中断，致使人们无法满足自身的需求时，这种紧张状态仍然会持续一段时间，使得这件未完成的事情一直萦绕在人们心头，并促使人们采取达到目标的行动。勒温还说，只要这件事没有做完，这个心理张力系统就会一直存在，而一旦任务完成，与之并存的心理张力系统将随之消失。而一个人一旦失去了“心理张力”，就会变得马虎、懒惰，无论是对学习还是工作都没有耐心。

所以，保持适度的“心理张力”，对我们的学习、工作和生活都是有帮助的。培养完成欲，必须从小事入手，比如除草、浇花、读书、整理抽屉、打扫房间等，规定自己需要完成的小任务，久而久之习惯就培养出来了。

当然了，完成欲也并非越强越好，而应该控制在一定范围内。如果一个人的心理张力过大，完成欲过强，他的精神状态就会失去平衡，这样就不利于他的身心健康。美国一位心理学家研究发现，有过度完成欲的人往往具有追求完美的性格，总希望能够一下子完成工作、学习或生活中的各项任务，否则就会感到遗憾，也正因如此，他们极易产生恐慌心理，反而不能正常发挥自己的能力，最终无法很好地完成任务，而且会出现情绪失常的情况，甚至连身体健康都受到了损害。事实上，这世上并没有什么事物是尽善尽美的，许多遗憾都是无法避免的，因此我们不能过度求全，否则会影响我们的生活乐趣，甚至出现心理失常的状况。

总而言之，我们应该自觉地调节自己的心理张力，避免出现懒惰或完成欲过强的情况，使紫格尼克效应给我们的学习、工作和生活带来积极的影响。

半途效应
为什么我总是半途而废

所谓“半途效应”，指的是这样一种现象：人们在做一件事情时，受心理和环境等因素的交互作用，还没有把事情做完就放弃了。受半途效应的影响，很多人都不能坚持到底，所以很难获得成功。

中国有个成语叫“半途而废”，就是半途效应的典型例证。关于这个成语，还有这样一个典故。

古时候，河南郡有一位贤惠的女子，人们都不知道她姓甚名谁，只知道她是乐羊子的妻子。两个人结婚之后，乐羊子曾经外出拜师学艺，可是一年之后乐羊子就回家了。乐羊子到家时，他的妻子正在织布。

妻子见他突然回到家中，不禁惊讶地问：“夫君怎么回来了？你的学业这么快就完成了？”乐羊子喃喃地说：“学业尚未完成，可是我外出已经有很长一段时间了，非常挂念家人，所以回来看看，没有别的事。”妻子听了他的话什么也没说，转身拿起织机上的剪刀，还没等乐羊子反应过来就咔嚓几下把织机上已经织好的布剪成了两段，然后对乐羊子说：“这匹布是经过长时间的积累，由一根又一根丝织成的。只有经过长期辛勤的劳动，才能把它织成成尺、成丈、成匹的布。现在我把它剪断了，以前的劳动也就白费了。读书也是如此，你既然已经在外求学了，就应该每天都获得一些新知识，这样才能日积月累，不断提高自己的学问和修养。如果中途归来，岂不是跟我把织机上的布剪断一样，也前功尽弃了吗？”乐羊子被妻子的话打动，于是立刻离开家，继续外出求学了。

几年之后，乐羊子完成了学业，这才赶回家去，不但受到了妻子的热烈欢迎，还得到了国君的重用，成就了一番事业。

为什么乐羊子会中途放弃呢？难道只是因为他想念家人吗？事实并非如此简单，而是有心理学原因的。心理学研究表明，在追求目标的过程中，当人们到达目标行为的中点附近时，常常会怀疑自己能否实现这一目标，甚至会怀疑这一目标本身的意义，于是其心理也会跟着变得极其敏感和脆弱，容易产生放弃的念头。大量事实也表明，人们在追求自己的目标时，经常会在“半途”放弃。

导致半途放弃目标的原因有很多，主要原因有两点：一是制定的目标不合理。目标越是不合理，越容易引发半途效应，所以制定的目标最好能够符合自己的实际情况，既不宜妄自菲薄，也不宜目空一切。二是当事者意志力薄弱。意志力越弱的人，越容易中途放弃。所以，我们在做一件事时，既要制定合理的目标，又要注意加强自己的意志力，坚持不懈，以便尽可能地避免受半途效应的影响。

怎样才能增强意志力呢？主要有以下五种方法。

一是强化正确的动机。每个人都有自己的追求，不过由于人生观、世界观和价值观的不同，不同人的追求是不同的。而人的行为是受动机支配的，伟大的动机会使人产生坚韧不拔的毅力，所以我们应该强化正确的动机，进而激发出自己的毅力。

二是培养兴趣，将自身的内在兴趣激发出来。一个人一旦对某种事物或某项工作产生了兴趣，那么他就会不知不觉地拥有完成它的毅力，因为自己感兴趣的事物是人行动的原动力，这么一来人们自然就不会轻易放弃了。

三是从小事做起，逐步增强自己的信心和毅力。高尔基曾经说过："哪怕是对自己的一个小小的克制，也会使人变得越来越强大。"没错，哪怕只是自我克制，也能培养、增强一个人的毅力，进而使人得以克服更大的困难。所以，我们不妨从小事做起，逐步增强自己的毅力，以免一遇到困难就备受打击，轻易地选择了放弃。比如，有的人好睡懒觉，那不妨一睁开眼就起床。再比如，有的人不喜欢读书，一拿起书就打瞌睡，那不妨强迫自己每天必须看多少页书才能睡觉。

四是分阶段实现目标，激发斗志。制定目标时要合理，执行目标时要注意逐步实现目标。如果只有整体目标，而没有分阶段实现目标，就容易使整体目标给人一种遥不可及之感，最终令人沮丧地放弃；而如果只是分阶段实现目标，而没有一个整体目标，又会使人只看到眼前的得失，最终迷失自己。所以，既要有一个合理的整体目标，又要分阶段实现目标，这样才能使人怀着热情一步步向整体目标靠近，并在实现目标的过程中培养自己的意志力。

五是加强磨炼，增强抗挫折的能力。抗挫折能力强的人，往往不会轻言放弃。所以，在教育孩子的过程中，父母既要爱孩子，又要让孩子自己动手动脑，允许孩子失败，让孩子在失败的过程中体会到生活的酸甜苦辣。即便孩子做错了，也没有关系，家长可以引导孩子克服困难。比如，当孩子因没有实现目标而备受挫折时，可以帮助孩子调整他的志向，使他能够实事求是地认识自己，而不至于一蹶不振；当孩子因为一次考试失败而心情沮丧时，可以教导孩子正确看待失败，分析失败的原因，并鼓励他振作起来。

总而言之，一旦制定了一个合理的目标，就不能半途而废，更不能空想，而应该敢于实践，坚持到底，这样才能有所成就，在胜利的道路上越走越远。

成长教育：能够限制住一个人的，只有自己

knowing your instinct

酝酿效应
解决不了的问题暂时放在一边，会有意想不到的收获

相传，在古希腊时期的叙拉古，国王赫农王曾经命人打造了一顶金质的王冠。虽然这顶王冠与当初交给金匠的金子一样重，可国王还是怀疑金匠在其中掺了假，于是就把这个难题抛给了他的科学顾问即著名的数学家、力学家阿基米德，让他验证一下这顶王冠是不是纯金的，而且要求他不得破坏王冠。阿基米德尝试了很多办法，可是都无法证明金匠有没有捣鬼。

这一天，阿基米德在家里洗澡，当他躺到盛满水的澡盆里时，他发现澡盆里的水溢了出来，并感觉到他的身体被轻轻地托了起来，不禁想道：相同重量的物体，由于体积不同，排出的水量自然也不同……随后他就恍然大悟，想到了利用测定固体在水中的排水量的办法来确定王冠的真假，于是兴奋地从澡盆里跳了出来，连衣服都来不及穿就跑去做实验了。他把王冠放进盛满水的盆里，量出了被排出去的水的体积；接着把同样重量的纯金也放进了盛满水的盆里，也量出了被排出去的水的体积，结果发现前者大于后者，这说明了王冠的体积要大于纯金的体积，也说明了王冠之中掺了其他与纯金的密度不相同的

金属，因此他断定金匠在王冠中掺了假，并由此发现了浮力定律。

在反复探究一个问题却百思不得其解时，可以暂时把这个问题搁置一段时间，等到出现某种机遇时，自然会浮现出新思路，从而迅速找到解决问题的办法，这种现象在心理学上被称为“酝酿效应”或“直觉思维”。由于阿基米德发现浮力定律的故事是酝酿效应的一个经典例证，因此人们又称其为“阿基米德效应”。

酝酿效应在生活中随处可见，它不但适用于科学家，也适用于普通人。换句话说，在解决问题的过程中，任何人都难以避开酝酿效应的影响。那么，这种效应是如何产生的呢？现代认知心理学家认为，原有思路的不合理会导致问题得不到解决，这时如果暂时把这个问题放下，就能够消除这种不合理的想法，使个体能够运用新的思路去解决问题，而人在休息时恰好能够消除前期的紧张心理，并忘记之前的不合理的或僵化的思路，具备创造性思维；再加上在酝酿期间，虽然个体暂时中止了对这一问题的解决方法的思考，但是其思维过程并没有完全停止，而是断断续续地在潜意识层面上进行着，经过一段时间的酝酿，那些储存在记忆中的信息会跟最近的信息整合在一起，从而削弱定式思维的作用力，重新构造出一条线索，进而对问题产生新的看法，并顺利地解决问题。

因此，假如你遇到了一个难题，并且绞尽脑汁也想不出答案来，这时你不妨暂时把它抛到一边，改做其他事，比如喝一杯茶、出去散散步，甚至等上几小时、几天甚至更长的时间，让思维进入“酝酿阶段”，之后再来解决它，说不定很快就能找到解决方法了。

通过酝酿效应的表现形式和思维的基本特征，可以看出酝酿效应具有以下两个特点：非逻辑性和自发性。说到非逻辑性，是指它既不具有主观推理的形式，也不具有其他的规律性，而是跨越逻辑程序直接得出的结论，具有不可解释性、逻辑程序的高度浓缩性和综合性。说到自发性，是指酝酿效应是不受当事者主观支配就会发生的。

了解了酝酿效应的原理，我们就能扬长避短。比如，在学习方面，我们既要具备终身学习的精神，孜孜不倦地学习，又不能一味地钻牛角尖，而应该不断地改进学习方法，或是换一个新思路，或是尝试向别人请教，做到劳逸结合，这样才能不断地更新自己的知识。不仅学习方面如此，其他方面也一样，也要做到既认真又注重劳逸结合，这样才能取得成功。

摩西奶奶效应
现在努力也不晚

摩西奶奶原名安娜·玛丽·罗伯逊，她于1860年9月6日在美国纽约州格林威治村的一座农场里诞生。由于家境贫寒，她从小就开始在别人的农场里干活。27岁时，她嫁给了农场里的工人托马斯·摩西，此后陆续生下了10个孩子。她长年累月地忙于擦地板、挤牛奶、装蔬菜罐头等农活，只有在闲暇时才以刺绣乡村景色为乐。就这样，她度过了大半生的时光，直到76岁那年，她这种平淡的生活才被打破。

当时，摩西奶奶患了关节炎，只好放弃刺绣，开始绘画。她并没有深厚的绘画基础，只是小的时候曾经用浆果和葡萄随手画过画，但也只是出于喜欢而已。虽然成年之后她用上了画笔和油彩，但是她照样没有经过正规的艺术训练，只是在闲暇时才偶尔画上几笔。如今她年事已高，什么事也做不了了，她才突然想起自己的爱好，于是开始作画。

刚开始时，摩西奶奶只是临摹别人的画作，不久之后才根据她对农场的早期生活的回忆而创作，主要描绘了她童年时的乡村景色。她以明快的色调、大胆的色彩画了一些欢乐的场景，比如农夫抱柴生火、铁匠钉马掌以及孩子们肚子贴地在山坡上滑雪等。摩西奶奶的风景画不但表达了她对往日生活的怀念，还能敏锐地捕捉到季节、天气和时间的细微差别，令人动容。

摩西奶奶的女儿见母亲画得越来越好，就心血来潮地把其中一幅画带到了镇上，请镇里一家杂货店的老板帮忙出售。杂货店老板把摩西奶奶的画摆在橱窗里，谁知那幅画很快就引起了一位艺术收藏家的注意。这位收藏家不但买下了摩西奶奶的那幅画，还把它带到了纽约的画廊，引起了一位画商的注意。这位画商收下了摩西奶奶的画作，并向艺术界介绍了摩西奶奶的作品，使人们逐渐开始关注摩西奶奶。

1940 年，80 岁的摩西奶奶在纽约举办了个人画展，顿时在艺术界引起了轰动。自此以后，她的画作就成了艺术市场上的热销品。不仅如此，摩西奶奶还赢得了很多奖项，收到了上百万张的问候卡，成为深入美国家庭的民间艺术家，也是当时最知名的女性艺术家。为什么人们会如此关注她呢？因为她的画作质朴、清新，她本人为人真诚，她的晚年生活丰富多彩，这些无疑抚慰了当时因“二战”而饱受焦虑心理折磨的人们。

1961 年 12 月，摩西奶奶在纽约逝世，终年 101 岁。她给世人留下了共 1600 多幅画作，对许多人产生了深远的影响。

摩西奶奶从未接受过正规的艺术训练，可是她最终却成了世界闻名的风俗画画家，这到底是什么原因呢？她一生都在农场生活，像其他农妇一样过着平平淡淡的日子，她说不出是哪一位艺术家曾经使她产生过灵感，也未必有哪一位艺术家能够有影响她的机会，是对美的热爱使她爆发出了如此惊人的潜能，就像摩西奶奶自己说的那样："任何年龄的人都可以作画，只要你愿意。"

是啊，**任何一个年龄段的人，都可能在某一方面具有自己的才能生长点，学习潜能的开发是不受限制的**，这就是摩西奶奶的故事给我们的启示，人们称之为"摩西奶奶效应"。

为了让更多的人从自己的故事中受到启发，摩西奶奶还曾经给一位年轻作家写了这样的回信："做你喜欢做的事！上帝会乐意向你敞开成功之门的，哪怕你现在已经 80 岁了。"这位年轻的作家，就是后来赫赫有名的日本作家渡边淳一。

渡边淳一从小就喜欢文学，这股热情一直没有减退，可是自从大学毕业之后，他就一直在一家医院工作，这让他左右为难。他讨厌这份工作，想放弃它去从事创作，可是由于这份工作收入稳定，而且他当时已经 30 多岁了，所以他一时不知该如何选择，就给摩西奶奶写了一封信，希望能得到她的指点。摩西奶奶当时已经 100 岁了，可是看见一个年轻人如此谦虚地向她请教人生问题，而不是像其他人一样恭维她或向她索要画作，因此对渡边淳一非常感兴趣，并立刻给他写了回信，鼓励他继续努力。

每个人的能力都比他自己感觉到的要大得多。可如果一个人不去认识自己的本能，不去挖掘自己的潜能，它就会转化或自行泯灭，这就是人们所说的“短路理论”。如果每个人都能够正确地认识自己，那么生活将会变得更加美好。

因此，**如果你心里想做什么，就大胆地去做吧！因为你最愿意做的那件事，才是你真正的天赋所在。**更何况一个人到底应该在什么时候做什么事并没有明确的规定，如果我们想做，完全可以现在就采取行动。

也许有人会说：“现在已经来不及了。”可是事实并非如此。**对一个真正有追求的人来说，生命的每个阶段都是年轻的、及时的，“现在”就是最恰当的时候。**所以，不要顾虑自己的年龄有多大，也不要担心自己的生活状况不允许，因为你想做什么和你能否取得成功与这些并没有本质关系。

对于老师来说，要充分利用摩西奶奶效应，引导学生坦然地面对学习中遇到的各种问题，充分发掘学生的潜能，尽可能地帮助学生找准他们的才能生长点。

莫扎特效应
听音乐真的能提高智商吗

1993 年，加利福尼亚大学欧文分校的几位教授做了一项实验。他们让一些大学生聆听莫扎特的《双钢琴奏鸣曲》，然后立即对这些大学生的空间推理能力进行测验，结果发现这些大学生的空间推理能力都比平时有了明显的提高。也就是说，听了莫扎特所作的曲子之后，人的大脑活力会增强，思维会更敏捷。

为了证明这一结论，一些心理学家做了同样的实验，并且增加了其他音乐家的作品来进行测试。他们设定了一个标准，用于计算音乐的音量在 10 秒钟以及更长时间里的起落频率，最后发现流行音乐和其他音乐得分最低，而莫扎特的作品的得分却高出了两三倍。由于中枢神经的许多功能正是以 30 秒左右的频率运行的，因此他们认为 20~30 秒的重复频率对大脑影响最为明显，而在进行音乐分析的过程中，他们发现莫扎特的音乐韵律差不多刚好是每 30 秒达到高峰。实验结果也表明，与听其他音乐家的作品的那些受试者相比，听莫扎特音乐的那些受试者的空间推理能力确实提高了一些。换句话说，聆听莫扎特的音乐确实能够短暂地提高人的空间推理能力。于是，这些教授就断言，通过学习莫扎特的音乐可以提高人们的智商，并称这种现象为“莫扎特效应”。

这一效应刚提出来时，由于它涉及家庭教养、学校教育和音乐教学的方方面面，所以商家就群起炒作，称莫扎特的音乐有助于提高大脑皮质还处于成长阶段的孩子的智商。有些心理学家也认为，它改变了音乐教师传统的音乐教育思想，使他们更加关注儿童身心发展。

也正因如此，许多孕妇认为莫扎特的作品最适合作为胎教音乐，于是开始听莫扎特的曲子。这么做确实有合理的一面，因为胎儿的脑部大约在孕期后 3 个月时会快速成长，这时外界的刺激越多，胎儿的脑部发育也越快。婴儿出生初期也是脑部发育的黄金时期，这时如果给宝宝听不同类型的音乐，就能刺激宝宝不同的脑部神经的发育。在选择胎教音乐时，由于需要考虑到孕妇和胎儿的感受，所以从原则上说最好是选用那些富有节奏、速度适中或偏慢、旋律动人、意境优美、力度变化缓慢、感情色彩明快的曲子，而莫扎特的大部分音乐都具有以上特点，所以他的音乐从理论上说是最适合作为胎教音乐的。但是，这并不意味着莫扎特的音乐作品一定能够提高胎儿的智商，也不一定全都适合作为胎教音乐，因为莫扎特的作品创作主题丰富、风格多样，并非全都适合作为胎教音乐。只有聆听经专业人士编排的莫扎特的作品，让莫扎特音乐那丰富的旋律变化和明快的节奏得到完美的组合，才有可能增强胎儿的大脑皮层的活力，让胎儿的思维更加敏捷，从而激发胎儿的智力潜能。

不过，并没有严格的科学研究来证实莫扎特的音乐一定能够提高儿童智商的实验结论，所以“莫扎特的古典音乐最适合作为胎教音乐”这一说法是缺乏有力的证据的。但是，这并不会削弱人们对它们的喜爱，至少聆听它们会对人们的心情产生正面的影响。

有一些科学家在实验中发现，在聆听欧洲 18 世纪的巴洛克音乐时，人们的心跳、脑电波、脉搏等会逐渐与音乐的节奏同步，从而变得缓慢和协调，血压也会相应地下降。这时，整个人都会感到轻松、舒畅。除此之外，这一实验还表明，经常聆听巴洛克音乐,对人的身心健康也有很大帮助,尤其是对失眠、高血压、心脏病、糖尿病等心因性疾病具有很好的预防和缓解作用，还能缓解癫痫病人等具有神经障碍的病人的病情。音乐的魔力还不止于此。医生们常常发现，在给那些患有帕金森综合征的患者听音乐，有可能让他们奇迹般地恢复一些身体功能，使他们不再像平时一样行动和反应都很迟缓，可是一旦音乐停止，他们又会变回原样。

一些心理学家曾经以小学生为实验对象，做了一项证明音乐对人们有利的实验。他们让第一组小学生先进行钢琴训练，再玩一个与数学中的比例和分数有关的电子游戏；让第二组小学生先进行英语训练，再玩同样的电子游戏。实验结果表明，第一组小学生的游戏成绩比第二组小学生的高出了15%。有些科学家认为，数学能力包含了空间知觉和空间推理能力，而音乐欣赏刚好能够增强人脑中潜在的神经结构，强化这两种能力，所以可以相应地提高人的数学能力。

另外一些科学家也认为，音乐可能更多地与我们的右脑活动相关，如果有意识地加强音乐训练，就能相应地促进右脑的活动，从而提高工作效率。如今，研究者们还发现，音乐不但能够在一定程度上促进小学生的数学运算能力、空间和时间推理能力，还对小学生的阅读理解、语言记忆等能力也有着重要的影响。还有一些研究者证实，在对那些刚刚听过莫扎特音乐的人进行智商测试时，发现他们的智商测试成绩普遍提高了八九分。

上述这些实验都表明，虽然莫扎特效应的存在还有待于通过进一步的科学研究来证实，但是音乐在促进脑功能这一方面确实具有神奇的力量。如今，这一点已经逐渐引起了人们的重视。比如，对失去了意愿和行动之间的联系的病人来说，音乐有可能重新连接起那根被中断的“链条”。

其实，与其说是莫扎特的音乐对胎儿有好处，还不如说孕妇在听音乐时能够感到心情舒畅，因为孕妇的好心情对胎儿无疑是有益处的。所以，准爸妈们在选择胎教音乐时，不必局限于莫扎特等大师的音乐，最好根据准妈妈自身的喜好和胎儿的承受能力来选择，以轻松、舒缓的音乐为宜。也就是说，只要准妈妈喜欢、胎儿又能够承受，那么无论是流行音乐、古典音乐，还是爵士音乐、舞曲等，对准妈妈和胎儿都是有好处的。

由莫扎特效应也可得知，在学习中，不宜用脑过度，应该注意劳逸结合，可以多听听音乐，放松一下心情，让自己能够精神饱满地迎接学习的各种挑战。

期待效应
期望和赞美能带来奇迹

在人际交往中，如果其中一方怀有充沛的感情和较高的期望，那么另一方就会受到影响，朝着对方所希望的方向发生微妙而深刻的变化，这就是心理学上所说的“期待效应”。

期待效应来源于一个希腊神话故事，主人公名叫皮格马利翁。

皮格马利翁是塞浦路斯国王，他喜欢雕刻，而且雕刻技术精湛。他用象牙雕刻了一座栩栩如生的少女雕像。由于他把他所有的热情都倾注到了这座美丽的雕像身上，以至于最后他竟然情不自禁地爱上了它。他给它穿上漂亮的衣服，含情脉脉地注视它，还拥抱它、亲吻它，并且真诚地期望自己的爱能被这位“少女”接受，甚至因此而整日茶饭不思。爱神阿芙洛狄忒见他的心意如此坚决、态度如此诚恳，不禁被他感动，因此帮助他实现了这个愿望——把雕像变成了一个活生生的美女。皮格马利翁如愿以偿，娶了这位少女为妻。

这个故事虽然只是一个美丽的神话，却揭示了一个心理学现象：当我们对某件事情怀着非常强烈的期望时，我们所期望的事物就会出现。由于期待效应就是从这个故事演变而来的，因此它又被人们称为“皮格马利翁效应”。

为了证明这一效应的存在，美国心理学家罗森塔尔曾于1968年做了一个实验。他带着一个实验小组走进一所普通的小学，对校长和教师说他要做一个名为“未来发展趋势测验”的实验，校长和教师都非常配合。随后，实验小组从6个年级的18个班里分别随意抽取了一部分学生的名字，将其列在一个表格里，然后把这份名单给了任课教师，郑重其事地对他们说：“名单上的这些学生智商都非常高，最具有发展潜能。”还再三嘱咐他们不要把这件事告诉这些学生，并请他们留心观察这些学生的表现。8个月后，当实验小组回到该小学，再次进行智能测验时，竟然意外地发现：名单上的那些学生不但成绩提高很快、求知欲望强烈、性格开朗，而且与任课老师的感情也非常深厚。

那些学生的名字只不过是随意抽取的，他们并非全都是高智商者，可是为什么他们能够创造这样的奇迹呢？罗森塔尔认为，是因为“权威性的预测”让任课教师对这些学生产生了较高的期望，进而使得这些学生产生了较大的变化。具体来说，是由于罗森塔尔是著名的心理学家，所以任课教师对他提供的名单深信不疑，于是对这些学生产生了好感和期望之情，并在教学过程中通过语言和神态传达出了这种感情。那些学生受到这种深情厚爱的滋养，自然会产生自尊、自信、自强、自爱之心，并因此而改变自己，以便自己的形象能够符合老师的期望。这么一来，他们的显著进步就是自然而然的事了。

没错，当老师对学生充满期待时，学生就会产生一种努力改变、完善自我的期望，这种期望足以把美好的愿望变成现实，这就是期待效应中出现的共鸣现象。由于罗森塔尔对这一效应做出了经典的证明，并使它得到了广泛的应用，因此人们又将这一效应称为“罗森塔尔效应”。

期待效应在生活中的各个方面都很常见，但是它发挥的是积极作用还是消极作用，却取决于期待本身。包含正向情绪的期待，比如赞美、信任等，它们会具有一种积极的作用，能够使人变得自信、自尊并产生一种积极向上的动力。而包含负面情绪的期待，如责备、怀疑和蔑视等则相反，它们会使人产生消极心理，甚至会毁掉一个人。

戴尔·卡耐基之所以能够成为西方现代人际关系教育的奠基人、伟大的成功学大师，就跟他的继母的赞美和信任不无关系。

戴尔·卡耐基幼年丧母，他的父亲在他9岁时再婚。继母第一次进家门时，小卡耐基的父亲是这样介绍他的：“这个小倒霉蛋是全镇公认的坏孩子，你要小心提防他才是，免得他以后让你头疼。”小卡耐基原本就不打算接受这个继母，如今听见父亲这样说，就更加不喜欢继母了。可是，出乎小卡耐基意料的是，继母竟然微笑着走到他面前，摸着他的头，笑着责备丈夫说："你怎么可以这样说呢？我怎么看都看不出他像一个坏孩子，反倒觉得他是全镇最聪明、最活泼的孩子。"小卡耐基听了继母的话，深受感动，因为从来没有人对他说过这样的话。就因为这一句赞美的话，小卡耐基对继母有了好感，并逐渐和继母建立起了感情。也正是因为这一句赞美的话，卡耐基才变得自信起来，后来不但创造了成功的28项黄金法则，还帮助更多的普通人走上了成功之路。

如果继母没有说出这句话，而是默认了父亲的观点，甚至说出更加打击人的话，那么卡耐基很可能会就此自暴自弃，人生也可能是另一个样子。卡耐基的故事，是期待效应的作用的一个极好的例证。

期待效应的巨大作用告诉我们，伤害一个孩子的自尊心和自信心无疑是非常残忍的。所以，**无论你的孩子有多么"差劲"，你给予他的都应该是鼓励和教导而不是求全责备，这样才能最大限度地为他撑起人生信念的风帆**，使他有机会像卡耐基一样，因为他毕竟还是一个孩子，他的未来具有无限的可能性，就看你现在怎么去为他的这一蓝图奠定基调了。

作为老师，则应该知道不同学生的发展现状和发展潜力都是不一样的。在平时的教学中，老师应该换位思考，以学生的视角看问题，进而明白学生的想法，从而发自内心地肯定、欣赏、鼓励学生，使学生通过你的言谈举止感受到你的真诚和期望。老师越能深入全面地认识学生，就越会欣赏和鼓励学生，并在一言一行之中充分流露出对学生的信任。也只有这样，学生才会没有顾虑地向老师敞开心扉，进而按照老师的预期改变自己。如果老师只是一味地指责甚至轻视学生，就会引起学生的抵触情绪，甚至对学习和学校生活的方方面面都开始抱有负面情绪。事实也证明，那些受老师关注或讨老师喜欢的学生，在一段时间内的学习成绩或其他方面都有很大进步；而那些被老师漠视甚至歧视的学生则相反，他们之中有许多人的表现都越来越差，有的甚至从此一蹶不振。因此，一些优秀的老师已经开始相信“好孩子是夸出来的”这种说法，并在不知不觉中运用起了期待效应，希望能够帮助后进生取得进步。

期待效应不但能对未成年人发挥作用，而且对成年人也是如此，所以许多企业管理者也将它引入了企业管理之中，在工作中努力营造一个充满信任和赞赏的环境，启发和鼓励员工向更好的方向努力。只有这样，员工的心态才会积极起来，并影响行动，最终做出好成绩。查尔斯·史考伯是美国钢铁大王安德鲁·卡内基为其组建的美国钢铁公司选拔的第一任总裁，他曾经这样说过：“我所拥有的最大资产，是我能鼓舞员工。赞赏和鼓励是使一个人发挥最大能力的方法。再也没有什么东西比上司的批评还能抹杀一个人的雄心了……”正因为史考伯和卡内基都善于激励和赞赏自己的员工，因此他们才得以建立稳固的钢铁王国。

获得赞美是人类本性中的一个深切的渴求。自尊心和自信

心是人的精神支柱，是成功的先决条件。甚至可以说，一个人能不能取得成功，在很大程度上是由他周围的人决定的。如果他周围的人像对待成功人士一样关爱他、教育他、对他充满期望，那么他就很有可能成功。所以，无论是家长、老师还是管理者，都应该切记：**期望和赞美能够产生奇迹；不要轻视别人，因为让一个人重建自信不知要比破坏自信难上多少倍。**

留白效应
学生也需要适当的空间

在中国山水画中，有一种作画手法叫留白，就是并不把整个画面画得满满的，而是在画面四周留一些空白的地方，这样既显得大方、美观，又能给人留下想象的空间和再创造的余地，达到了一种以无胜有的效果。如果在人际交往等场合之中，也能适当地留一些空间给对方，也会取得良好的效果。像这样一种现象，心理学上称之为“留白效应”。

留白效应具有不容忽视的作用，如果能够合理地运用它，往往可以收到事半功倍的效果。比如，在演讲过程中，如果演讲者注意做适当的停顿，尤其是在高潮之处，适当地停下来，给听众留下一些反应、思考的空间，而不是口若悬河地说个不停，反而可能让听众在自己的思考中积极地响应他。这么一来，演讲也就真正地打动了听众。

为什么留白效应具有这么大的作用呢？因为每个人都有自己的思想，他们在面对某一事物时完全可以凭借自身的学识修养去思考，进而获得对事物更深层次的理解和认识，如果被人强行灌输某种认识，却没有反应和思考的时间，人们就无法冷静地做出自己的判断，并因此而觉得自己非常被动，进而对别人强加给他的认识产生一种抵制心理。换句话说，就是**人们喜欢按照自己的意愿来思考、想象、理解问题，而不愿意全盘接受别人的思想，不然人们会有一种被别人牵着鼻子走的感觉。**

了解了留白效应的巨大作用和产生的原因之后，我们就可以更加有效地利用它为我们服务了。不过，在现实中，有许多人都不了解留白效应，更不用说恰当地利用它了。就拿当今中国教育来说吧，考试成绩一直是选才的唯一依据，学校教育始终都以考试成绩为中心。为了追求升学率，许多教师都把“满堂灌”作为主要的教学手段，而不顾学生的感受。事实上，“满堂灌”式教学使学生到了课堂上就不得不像机器一样忙于听课、做笔记，这样容易让学生产生疲劳感，学生没有时间去消化和吸收新知识，无法取得预期效果，也不利于培养学生的创新思维。这么一来，就难免会出现“堂上记笔记，课后背笔记，考试忆笔记，考完忘笔记”的怪现象。

还有一些缺乏经验的老师，在教育犯错的学生时也不善于利用留白效应。他们总是喋喋不休地批评犯错的学生，学生根本没有心思和时间去认识和反省自己的错误，反而被他们激怒，并产生一种无所遁形的感觉，最终忍不住跟他们顶嘴。这种做法不但会影响教师的形象，还会使学生紧闭心门，甚至引起学生的反感和排斥，因此很难达到预期的教育效果。

那么，我们应该如何运用留白效应来解决这些问题呢？在课堂教学中，教师要善于留下空白点，比如针对某些问题，教师不妨先让学生独立地思考和判断，并让学生把自己的想法表达出来，然后教师再说出自己的观点，这样能让学生的大脑得到充分的休息，使学生化被动地接受为主动地思索，进而激起学生的好奇心和探索欲，最终提高学生的分析和探索能力、增强记忆效果。

在教育犯错的学生时，教师除了批评学生之外，还要给学生留一些思考和反思错误的时间，不妨说半句留半句。这么一来，学生就不会产生一直被教师“穷追不舍”之感了，对教师的抵触和反抗情绪自然也会锐减，转而开始思考自己到底错在哪里。有了思考的空间，学生会更全面地考虑问题，最终意识到并改正自己的错误。

其实，哪怕只是教师的一个眼神、一句问候、一句玩笑话，有时也能够取得意想不到的好效果。比如，在面对一些犯错的学生时，有经验的教师往往会不动声色地用责备的眼神扫视他一眼，或是一言不发地看着别处，让学生自我反省。这么做不但能够达到教育的目的，还能保全学生的面子，削弱学生的逆反心理，使学生对教师心存感激和敬佩之情。

点到为止的谈话，让对方有时间去揣摩和思考，这样往往能够取得意想不到的效果。

得寸进尺效应
因势利导才能趁势而上

所谓“得寸进尺效应”，指的是这样一种情况：一个人一旦接受了别人提出的一个微不足道的要求，就有可能接受别人在此基础上提出的更大的要求。这种现象就像登门槛一样，要一个门槛一个门槛地过才能达到目的地,因此人们又称其为“登门槛效应”。

这一效应是美国一些社会心理学家提出来的。1966 年，这些社会心理学家做了一个有趣的实验。他们派助手到两个居民区进行随机访问，目的是劝人们在他们的房子前面竖立一块写着“小心驾驶”字样的标语牌。助手来到第一个居民区，直接向人们提出了这一要求，结果遭到了很多居民的拒绝，只有 17% 的受访居民同意这么做。到了第二个居民区，助手先向居民们提出了一个小小的要求，即请他们在一份赞成安全行驶的请愿书上签名，结果几乎所有的受访居民都照办了。又过了几周，助手才向他们提出在自家的房子前面竖立标语牌的要求，没想到接受这一要求的居民竟然占了受访居民总数的 55%。这一实验不但证明了得寸进尺效应的存在，也告诉我们：在提出一个小要求之后再提出一个大要求，往往更容易达到目的。

为什么人们在接受了一个小要求之后往往会接受一个更大的要求呢？研究者认为，在面对别人的要求时，人们会经过一番比较和权衡，最终拒绝那些自己力不能及或违反自身意愿的请求，接受那些比较小的要求，因为小要求不但容易做到，而且不会给自己带来多大影响。而一旦同意了那些小要求，人们对类似的要求的认可程度就会跟着逐渐提高，因而也容易接受类似的更大的要求。也就是说，循序渐进往往更容易让人接受。另外，人们在潜意识里总是希望自己能够给别人留下首尾一致的形象，即便别人随后提出来的要求有些过分，可是为了维护这种首尾一致的好形象，人们也会硬着头皮答应下来。所以，要想让别人接受一个很大甚至很难的要求，却担心他不愿意答应时，最好先向他提出一个较小的且容易做到的要求，再提出那个更大的要求，这时往往更容易达到目的。

由得寸进尺效应可以看出，在学习、生活和工作中，人们普遍地具有避重就轻、避难趋易的心理倾向。这时，如果能够运用好得寸进尺效应，往往可以取得很好的效果。比如，在面对许多事情时，要鼓励自己先完成那些最容易、最简单的事情，再顺势而上，向更难的事情发起进攻，进而取得最终的胜利。再比如，在人际交往中，无论是批评别人，还是向别人提出某种建议、期望或要求，都应该循序渐进、步步为营，登上对方的心理“门槛”，这样才更容易达到目的。如果一开始就过于严厉，或是提一些令人觉得高不可攀的期望等，往往会让对方产生抵触、厌恶或畏惧等情绪，这么一来一切努力就全都白费了。

得寸进尺效应还启示我们：在生活、工作和学习中，无论是完成什么样的任务，都不要盲目地追求一步到位，而应该因势利导，为自己设立一个切实可行的终极目标，并且把这一目标分成许多小目标，然后分阶段实现这些小目标。当这些小目标一个个地变成现实，然后串联在一起时，我们距离那个终极目标也就不远了。

而在教学中妥善利用得寸进尺效应，能够提高教学质量，所以这一效应值得教育工作者采用和借鉴。

比如，在面对学习成绩差的学生时，教师不宜一上来就向他们提出过高的要求，而应该考虑到他们在心理素质和学习基础等都低于平均水平这一点，先向他们提出一个对他们来说容易实现的小目标，像是“只要比过去有一点点进步就行”这类目标。等到他们实现了这一目标之后，教师再通过鼓励逐步向他们提出更高的要求，这样学生往往更容易接受并会尽力达到这一要求。当老师学会“搭梯子”，用“低台阶、小步子、多帮扶”的方法，来帮助成绩不理想的学生时，就能激发他们的自主性，从根本上促进学生的进步。

教育“问题学生”时，教师应怀着一颗爱心，用赞赏的目光看待他们，从而发现他们身上的闪光点和发展潜力，再对他们做出积极的评价，并给他们以鼓励。哪怕只是一次真诚的交流、一抹赞赏的目光，都能使他们心生感激，让他们看到一丝希望。这时教师再对他们提出进一步的要求，通常来说不但不会被拒绝，还能促进他们健康成长。

当然了，得寸进尺效应有时也会让心术不正的人钻了空子。比如，在求人办事时，如果先用小恩小惠请别人办一些小事，借此笼络对方，等到对方放松戒备了，再用一个大恩惠去求别人办一件更大甚至违法的事，使别人不好意思拒绝，这时这种要求就变质了，有贿赂别人的嫌疑，是要受到法律制裁的。在面对这种小恩惠时，我们也要睁大眼睛，以免被一时的利益蒙住双眼，犯下大错。

超限效应
批评别人是一门学问

当某种刺激过多、过强或时间过长时，往往并不能像人们预料中的那样起到强化作用，反而容易让对方感到不耐烦，甚至让对方产生逆反心理。像这样一种现象，就是心理学上所说的“超限效应”。

超限效应时常出现在教育之中。比如，当孩子因为不用心学习而没有考好时，许多父母往往会一而再再而三地批评孩子，使孩子的反应从内疚不安变成不耐烦甚至是反感和厌恶。

还有一些父母，虽然知道过度批评孩子容易让孩子失去自信心，但是又受到“望子成龙，盼女成凤”这种观念的驱使，于是拿起表扬的“武器”，动不动就称赞孩子，希望借助这种持续的表扬激励孩子树立自信心，让孩子能够一直保持积极向上的良好心态。父母这种急切的心理是完全可以理解的，却也同样不可取，因为不断地表扬和鼓励孩子也并不一定能够取得预期效果，反而会让孩子无法认清自己，使孩子觉得自己生活在谎言之中。

在教学方法上也是一样，如果过量地让学生反复抄写、背诵，结果往往适得其反，使学生疲于应付，根本没有心思也没有时间去真正地领悟、消化新知识，甚至让学生产生破罐子破摔的消极反抗心理。

除了能够对孩子产生巨大作用之外，超限效应对成年人的影响也是不容忽视的。

有一次，美国著名的幽默作家马克·吐温去教堂听牧师演讲。听了一会儿之后，马克·吐温觉得那位牧师讲得太好了，于是决定把他身上所有的钱都捐给教堂。过了10分钟，那位牧师还没有讲完，马克·吐温有些不耐烦了，决定只捐一些零钱出去。又过了大约10分钟，牧师还意犹未尽，马克·吐温更加不耐烦了，一个子儿都不准备捐了。又过了好长一段时间，牧师终于结束了那冗长的演讲。于是，信徒们纷纷过去捐款，愤怒的马克·吐温不但没有捐一分钱，还偷偷地从盘子里拿走了两块钱。

为什么人们会对那种过多、过强或时间过久的刺激产生不耐烦甚至反感心理呢？要解决这个问题，必须分析一下超限效应反映出来的问题，那就是“制造刺激者”是以自我为中心的，没有考虑到“接受刺激者”的感受，而且他们在制造刺激时不但没有注意自己的方式和方法，还没有把握好尺度，因此才引起了“接受刺激者”的消极抵抗。比如，父母在批评孩子时，往往只希望孩子能够意识到并改正自己的错误，却没有注意到关键的一点，那就是孩子也是一个独立的个体，也有自己的想法，有自己的感受，需要被看到。他们在受到批评之后总是需要一段时间才能使心情平复下来，可是还没等他们从第一次的批评中恢复过来，同样的刺激就接二连三地袭来，因此他们心里难免会嘀咕："怎么老是这么针对我！还想不想让我好好反省？是不是根本就不相信我啊？"这么一来，他们的心情就难以复归平静。如果被"逼急"了，孩子甚至还会产生"我偏要这样"的反抗心理和行为。

由此可见，凡事都不能超过一定的限度，否则只会适得其反。因此，无论是在日常生活、工作还是学习当中，我们都要注意把握自己的分寸，以免引发超限效应。

家长在批评孩子时，尽量要做到"犯一次错，只批评一次"。即便有必要再次批评，也不宜简单地重复同样的批评，而应该换一种说法或换一个角度，这样才不会让孩子觉得父母总是对他们犯下的同一个错误"揪住不放"，进而减轻或消除孩子的厌烦和逆反心理。

对孩子的表扬也要注意把握好尺度。具体来说，要注意三点。一是表扬要具体。表扬的内容最好是具体的，而且是针对孩子所付出的努力的，比如表扬孩子愿意努力尝试不同的学习方法，就比表扬孩子聪明，更能激发孩子的主观能动性。二是既要不吝于表扬，又不宜轻易表扬。比如，在孩子完成他分内的事情时，就不宜表扬，否则就会让孩子滋生凡事都计较报酬的不良心理。三是最好在孩子需要表扬的时候就给予表扬。比如，孩子在遇到困难和挫折的时候最容易灰心丧气，也最害怕别人的嘲讽，如果父母能够适时地给孩子一些鼓励和表扬，并热心地帮助孩子分析问题出在哪里，然后跟孩子一起寻找解决问题的办法，就能够让鼓励和表扬发挥最大的作用。假如父母只顾自己的感受，一个劲儿地挖苦孩子，甚至骂孩子是“笨蛋”“傻瓜”，说孩子“没出息”，则会伤害孩子的自尊心，令孩子对自己越来越没有信心。

教师在教学过程中，既不宜超过一定的限度，以致引发“物极必反”的超限效应，也不宜“不及”，否则就达不到既定目的。教师要注意掌握好“火候”和“分寸”，这样才能恰到好处。具体来说，在制订教学计划时，要考虑到学生的承受能力，不宜超过学生承受能力的极限，否则就会减弱学生的学习兴趣。比如，如果一个新知识点需要做 10 道习题才能掌握，那就给学生布置 15 道习题，而不是 20 道甚至 30 道，因为心理学研究表明，最佳的学习量是 150%，也就是在刚好记住的基础上加 50% 的量就可以了，如果超过这个限度，就会使学生的神经细胞处于抑制状态，导致学生的学习兴趣和学习效率都随之减弱。

在企业管理中，管理者也应该注意把握尺度，以免引起超限效应。比如，**在下属犯错误时，不宜没完没了地批评下属，否则就会使原本还心中有愧并有意改正的下属变得不耐烦，**甚至使下属产生这样的心理："领导为什么总是跟我过不去？他是不是故意想在别人面前给我难堪啊？"为了避免给管理带来更大的不稳定因素，管理者不妨遵循以下两个原则。

一是杜绝"捕风捉影"式的批评。俗话说："没有调查就没有发言权。"如果没有深入了解真实情况，而是"听风就是雨"，大肆批评下属，不但起不到教育真正犯错的人的效果，还会伤害无辜受害者的心。

二是批评之后要鼓励。俗话说："打一巴掌，给个甜枣。"虽然不能随便让下属挨"巴掌"，但是为了今后能够顺利地开展工作，这一"巴掌"还是有必要打下去的，只是这一"巴掌"下去之后还不算完，还得再掏出一颗"甜枣"给他。给与不给"甜枣"，效果肯定是大不相同的。针对被领导批评的现象，曾经有人做了一番调查，调查结果表明，75% 以上的员工会因此而感到自卑。在这 75% 的人之中，大约有 20% 的员工会因为自卑而影响到了工作。可是，在批评完下属之后，如果领导能够给予下属一些心理安慰或鼓励，那么产生自卑心理的员工人数将会减半，而且有 90% 以上的被批评的员工都能够改正自己的错误。由此可见，"甜枣"的作用是相当大的，确实有必要给。哪怕只是简单的一句"你的总体表现还是不错的"或"我想你一定能够把它做得更好"也能让下属高兴起来，使你的批评教育达到预期目的。

在做报告或演讲时，也要留意超限效应。通常说来，前 3

分钟非常重要，我们必须在3分钟之内以自己的魅力抓住听众，并在前30分钟内说出重要的内容，切忌铺垫太长，最长也不宜超过50分钟。时间一长，听众的精神会疲劳，注意力也会分散，这也正是学校教育中的一课堂时长不超过50分钟的原因。一旦发现对方开始东张西望或时不时地看表，好像有些不耐烦，就要做好收场的准备，比如把你的态度或观点再总结一次，然后及时停止，这样往往不会引发超限效应，而且能够取得预期效果。

总之，**一个人有没有语言魅力，不在于他说了多少，而在于他说了什么。**如果总是翻来覆去地说同一件事，而不考虑对方的感受，也不给对方回应的机会，那么就会像祥林嫂的故事一样，难以再博得人们的同情，甚至招人厌烦。所以，无论是什么样的沟通，尤其是那些旨在诱发别人改变态度的说服和引导，都必须避免没有意义的重复，这样才能避免超限效应的出现。

月曜效应
你有“星期一综合征”吗

不知道上班族们有没有注意到，每到周一，同事们都会觉得非常疲惫，很难打起精神来好好工作，好像是周末没有休息好似的。再回想一下我们小时候读书的时候，每到周一，是不是也经常觉得很累，上课的时候难以集中注意力？除了周一之外，每天早上和下午第一节课时也常常出现这种情况。还有就是假期过后、刚刚开学的那段时间，这种情况就更加明显了。

按理说休息之后应该精神百倍的，工作和学习的效率也应该相应地提高，可是事实并非如此，而是恰恰相反，无论做什么效率都很低。像这样一种现象，人们称之为“星期一综合征”。由于我国古代又称星期一为“月曜日”，因此也有人称这种现象为“月曜病”，心理学上称之为“月曜效应”。

月曜效应是怎么产生的呢？心理学家认为，从星期一到星期五，人们受环境等因素的影响，会逐渐适应有规律的工作或学习，甚至能够分秒必争、聚精会神地投入其中。可是，一旦到了双休日，人们的心理就开始放松，原来那紧张有序的工作或学习生活也被打乱，取而代之的是悠闲的玩乐、工作或学习之外必须办理的事情等。比如，有些人忙于家务，有些人趁双休日玩个痛快，有些人则要走亲访友、参加家庭聚会等。这么一来，人们的生活秩序就被打破了，比如出现了晚睡晚起的现象。到了星期一,人们的心理状态和生物钟都难以及时调整过来，以至于一时之间无法适应工作或学习，所以难免会出现精神不振、注意力分散、记忆力差、纪律散漫、工作或学习意志力下降等现象。再加上休息日里的活动往往既放松又令人兴奋，而工作或学习任务往往比较紧张甚至无趣、乏味，所以到了周一有许多人都无法一下子把自己的兴趣从休息中转到工作或学习了，甚至会对工作或学习产生抵触情绪。在经过了一段时间的放松和休息之后，新一轮的学习或工作的过程大致可以分为这么几个阶段：预备期、高效适应期、情绪转换期、迁移期。这一规律要求人们也要进行相应的调整，可是这种调整又不是所有人都能一下子做到的，还需要一个过程，而且一旦上一阶段出现问题，下一阶段就会受到影响。比如，在预备阶段，如果有人在调整自身状态这一方面落后了，延长了这一阶段的时间，那么到了下一阶段，他的状态也一定会受到影响……如此循环下去，就容易出现月曜效应。

虽然受适应能力、调整自身状态的能力、学习或工作的能力、环境协调能力等内在因素的影响，每个人在休息日之后的表现是有差异的,可是从总体上看,在进入初期的学习或工作时，人们的效率相对来说往往都比较低下。比如，有些人在星期一时只会觉得注意力不集中，没有心思好好工作或学习；而有些人则是每逢周一就觉得疲倦、头晕、胸闷、食欲不振、浑身乏力甚至酸痛，不想工作或学习。德国一项问卷调查显示，近80%的德国人在星期一早晨起床后情绪都比较低落。加拿大心理学家德比·莫斯考维茨经研究发现，星期一是员工请假的高峰日，而且请假的理由也变得越来越新奇、丰富。东京女子医科大学的一项研究表明，周一时人们的血压比一周当中的其他任何时段都要高，因此由心脏病发作和中风引起的死亡率往往在周一早上达到高峰。英国《金融时报》也报道，星期一心脏病的发病率比平时高33%。

那么，我们应该如何应对月曜效应呢？对于上班族来说，周末的活动安排一定要有节制，周六这天晚上不要熬夜，以免周日早上为了补充睡眠而推迟起床的时间，以至于当天晚上久久不能入睡。到了周日晚上，就更不能熬夜了，而应该及时收心，把身体和心理状态都调整好，做好继续工作的准备。在入睡之前，还应该简单地规划一下星期一一天的工作，比如具体要做哪些工作、怎么做、下班前要完成什么任务等，这么一来，到了星期一就更容易尽快进入工作状态。在星期一早上，越是情绪低落，越是要用心打扮一番。因为只有把自己打扮好了，我们的心情才更容易跟着好起来，并使别人也给予我们一些正面的反馈，从而形成良性的人际互动，让我们周围的气氛也跟着活跃起来。除此之外，早餐也要吃好，这样才有体力去迎接接下来的工作。如果工作时一直难以打起精神，可以在中午休息时到户外散散步，充足的阳光对人体具有刺激作用，能够让人体更多地合成5-羟色胺，让人变得积极起来。在休息时，还可以多跟别人交流交流，比如给朋友打个电话问候一下，或是跟同事闲聊一会儿，这些也能有效地减轻“月曜病”的症状。

如果是家长，在节假日里应该有规律地安排孩子的生活，既不宜给孩子报过多的学习班，让孩子学习压力过重，也不能任由孩子想干什么就干什么。如果给孩子施加过重的学习负担，只会让孩子疲于奔命、身心都无法得到足够的休息；如果放任自流，又会让孩子过于放松，以至于到了周一时孩子往往难以适应紧张的学习生活。所以，在具体安排孩子的生活时，要尽量让孩子按照上学时的作息时间表来安排自己的作息时间，并允许孩子适当地减少学习强度。比如，可以安排孩子做好本周的复习总结和下一周的预习工作，这样不但可以提高孩子的学习效率，而且能让孩子得到充分的休息。在节假日结束之前，还要提醒孩子注意调整一下自己的生物钟，督促孩子有意识地克服对学习的倦怠心理，以便孩子能够在最短的时间内适应接下来的校园生活。除此之外，家长还应该根据孩子的情况适当地调整自己的作息时间，不宜经常把家庭聚会或朋友聚会安排在节假日里，更不宜经常在节假日里做那些会给孩子带来负面影响的活动，比如打麻将等，以免影响孩子的学习和休息。也只有尽量避免做这些对孩子无益的活动，家长才能有更多的时间陪伴孩子成长，让孩子既有时间学习，又有时间轻轻松松地休息，还能高高兴兴地进行自我调整。

身为教师者，首先自然也要注意克服月曜效应带来的负面影响，精心制订教学计划，然后怀着饱满的热情走进教室。当学生状态不好时，不宜把责任全都推到学生身上，而应该采取一些应对措施，比如安排一些体育锻炼、体育竞赛等不需要集中注意力的体育活动，并注意调动学生参与的积极性，以减轻学生因学习效率不高而产生的心理负担。

刻板效应
我们以为的很多都是错误的

有一位公安局局长正在路边跟一位老人交谈，这时有一个小孩跑了过来，紧张地对那位局长说："你爸爸跟我爸爸吵起来了，你快回家看看吧！"老人问："这孩子跟你是什么关系？"公安局局长回答："他是我儿子。"

如果有人问你：那两个吵架的人是公安局局长的什么人？你会怎么回答呢？曾经有人向100名成年人提出了这一问题，结果只有两个人答对了。后来测试者又向一个三口之家提出了同一问题，结果父母没能回答上来，孩子却很快就答对了："局长是女人，吵架的两个人一个是局长的丈夫，也就是那个小孩的爸爸，另一个是局长的爸爸，也就是那个小孩的姥爷。"

如果从掌握知识的丰富程度上说，成年人无疑比小孩子占有优势，可是在面对一个如此简单的问题时，为什么那么多成年人都答不上来，孩子却一下子就答对了呢？难道是因为学到的知识变多了，人反而变笨了？真实的原因并非如此，而是刻板效应在起作用。由于丰富的知识和现实经验的影响，成年人的头脑中已经形成了刻板印象，总以为公安局局长一定是男人，并顺着这个思路去思考，所以难免会陷入迷惑之中。而小孩子却不同，由于生活经验有限，他们并不认为只有男人才能胜任公安局局长一职，所以自然也就不受刻板印象的束缚，一下子就答对了。

在认知活动中，人们会受到已有的知识和经验的影响，用自己头脑中关于某一类人的固定印象来判断和评价其他人，对他们形成一种笼统的、刻板的印象。像这样一种心理倾向，就是心理学上所说的“刻板效应”，又叫“定型效应”。

俗话说：“物以类聚，人以群分。”从这个意义上说，刻板印象无疑有其合理性，因为它反映了某一类人的共性，能够简化人们的认知过程，从而帮助人们快速、有效地适应环境。可是，俗话也说：“人心不同，各如其面。”世间几乎不存在长相完全相同的人，也不存在内心世界完全相同的人。假如我们不明白这一点，总是用刻板印象去衡量所有的人，而不愿意相信自己的亲身经历，那么我们对他人的认识就是片面的。

有个农夫丢了一把斧头，他怀疑是邻居偷的，就留心观察了邻居一阵子，结果发现邻居的表情和言行举止都像一个小偷。后来，农夫在自己家的一个角落里找到了那把斧头，他再看邻居的言行举止时，却又觉得邻居根本就不像小偷。

受刻板印象的影响，农夫刚开始怀疑邻居是小偷，后来斧头失而复得，农夫才改变了对邻居的看法。由此可见，刻板效应是具有消极作用的。如果我们总是被刻板效应束缚，并戴着有色眼镜去看待我们身边的人，那么我们在人际交往中就会处于不利地位。所以，在认识他人时，我们不能给所有人都冠上刻板的印象，而应该努力避开刻板效应的消极影响。

那么，我们应该如何避开刻板效应的消极影响呢?

首先，要尽量有意识地克服刻板印象的影响，保持警觉之心，这样才能尽量避免它所带来的危害。

其次，在与人交往时，我们不能只关注对方的性格、地位和背景，而应该从多角度去看待他。在评价一个人时也一样，要尽量消除刻板效应的影响，切忌只凭单一印象做出判断，而应该多方位、多角度地观察他。古诗有云："横看成岭侧成峰，远近高低各不同。"只有从多方位、多角度去观察一个人，才能比较客观、全面地认识他。

再次，在认识事物时，要敢于打破常规，考虑到事物的复杂性、多样性，并用变化的眼光来看待事物。

世界上的事物总是处于不断的发展变化之中，这才有了如今这个缤纷多彩的世界。我们在认识事物时，自然也应该打破常规，考虑到各种变化，否则就会受到刻板效应的束缚。比如，由于乌鸦在人们的印象中都是黑色的，而且祖祖辈辈都说"天下乌鸦一般黑"，所以许多人都认为天下的乌鸦全是黑色的，可是事实却并非如此，世界上还是存在着全身或部分是白色的乌鸦的。在非洲的坦桑尼亚就有三种乌鸦并不是纯黑色的，其中有一种体长 40 多厘米、颈部长着一圈白色羽毛、胸部全部是白色羽毛的乌鸦，叫斑驳鸦；另一种颈部和背部都长着月牙形的白色羽毛，叫白颈大渡鸦，看上去非常漂亮；还有一种嘴巴是白色的，叫斗篷白嘴鸦。最令人惊奇的是，人们在日本还发现了一只浑身长满了白色羽毛的白乌鸦！

人的思维空间是无限的，而且是变化多端的。**能够限制住一个人的，只有自己。**当我们感觉自己走投无路时，一定要明白这种境遇只是刻板效应在起作用，只要我们敢于重新思考，打破常规，不断尝试新事物，用新思维去看待它，并积极地适应它，就一定能够找到摆脱困境的办法。

3

人际交往：每个人都希望别人对自己感兴趣

knowing your instinct

首因效应
为何人们容易被“第一印象”所迷惑

在人际交往过程中，个体留给对方的第一印象是最深刻的，往往会在对方的头脑中占据主导地位，成为对方以后认识和评价个体的重要依据。像这样一种心理现象，称为“第一印象效应”，又叫“首因效应”“首次效应”“优先效应”“先入为主效应”等。

现实生活中，一个人在第一次进入一个陌生的环境、第一次接触某个人、第一次品尝一种新食物、第一次尝试做某件事时，往往会对这些人、事、物产生深刻的印象，甚至将这些定格在脑海之中，久久无法忘怀，这正是因为其中有首因效应在起作用。

20 世纪 40 年代中期，美国社会心理学家所罗门·阿希在有关印象形成的实验中首先发现了首因效应的存在，只是当时并未引起人们足够的重视。

1957 年，美国心理学家 A. 洛钦斯采用实验方法研究第一印象，不但证实了首因效应是普遍存在的，还证明了它具有既强烈又持久的作用。

除了洛钦斯之外，还有一些心理学家也通过实验证实了首因效应的存在，这里举出其中一个例子。1968 年，美国社会心理学家 E.E. 琼斯等人做了一个实验，他们准备了一项类似于大学能力测验的任务，请两名学生分别完成，其中学生 A 一上来就答对了 15 道题，表现惊艳，但是后面的 15 道题都答错了；学生 B 则一上来就连续答错了 15 道题，后面又连续答对了 15 道题。然后组织者请受试者评价学生 A 和 B 谁更聪明一些，结果大多数受试者都认为学生 A 更聪明一些。

任务相同，两名学生也都只答对了一半的题目，可是为什么大多数受试者都认为学生 A 更聪明呢？显然是因为受试者对学生 A 开头的良好成绩留下了深刻的第一印象。

为什么获得信息的顺序不同，就会产生不同的现象呢？心理学界有各种不同的解释。其中一种解释认为，最先接收的信息所形成的最初印象，虽然并非总是正确的，但是具有先入为主的地位，最先被个体存进大脑之中，构成了个体大脑中的核心知识或记忆图式，因此给个体带来的刺激往往鲜明、强烈而又牢固，甚至能够令个体过目不忘。至于后来获得的其他信息，只是被整合到这个记忆图式中去了，即被同化进了由最先输入的信息所形成的记忆结构当中，具有最先获得的信息的属性。即便后来获得的信息与最先获得的信息混合在一起，个体也总是倾向于重视最先获得的信息，并把最先获得的信息当作依据去解释后来获得的信息，进而认为后来获得的信息是非本质的、偶然的，就算后来获得的信息与最先获得的信息不一致，个体也会屈从于最先获得的信息，以形成整体一致的印象。所以，在与后来获得的其他相关信息相比，第一印象的作用更强、持续的时间也更长，甚至对双方以后的交往进程具有决定作用。

另一种解释基于注意机制原理，它认为最先获得的信息没有受到任何干扰，信息加工也非常精细，因此受到了更多的关注；而后来获得的信息则受到了前面的信息的干扰，而且信息加工也相当粗略，所以容易被忽视。

只要弄清楚首因效应产生的原因，并加深对个体的了解，我们就能避开首因效应的影响，正确地认识个体。不过，在生活节奏像奔驰的列车一样快的现代社会，很少有人愿意花时间去了解一个人，往往只凭第一印象来评判一个人，这种现象在面试过程中体现得最为明显。

在面试中，面试人员往往只凭第一印象来决定要不要录用应聘者。那些相貌不佳、不修边幅的应聘者，往往难以给面试人员留下好印象。在这种情况下，假如应聘者既言语不当，又没有表现出过人的才华，那么面试结果肯定不会理想。相反，那些相貌出众的人面试通过的比例就会高一些。

如果应聘者给面试人员留下的第一印象是诚实、友善的，那么即便应聘者说了谎并被识破，面试人员也会宽容地认为应聘者是无心之失，或者是太紧张了，是可以原谅的；相反，如果应聘者给面试人员留下的第一印象是奸诈、虚伪的，那么即便应聘者没有撒谎，面试人员也仍然会怀疑他所说的话的真实性。这就是首因效应发挥的作用。

既然良好的第一印象如此重要，那么我们要怎么做才能在第一次见面时就获得对方的好感呢？

第一，要装扮得体。一般来说，人们都愿意跟衣着整洁、打扮得落落大方的人交往，因为得体的装扮能够传达出个体具有良好的文化修养、精神面貌、经济状况等信息。

第二，要注意自己的言行举止。说话幽默、举止优雅自然、态度诚恳、说出来的话有建设性和新意的人，往往更容易给人留下深刻的印象。相反地，如果言语粗俗、举止庸俗，那么即便他容貌清秀、衣饰华贵，也会令人生厌。

不过，如果只凭第一印象就妄加评判一个人，往往会犯下“看错人”的错误，甚至会造成无法挽回的损失。因此，我们既要注意自己的装扮和言行举止是否得体，尽量给别人留下一个好印象，又要避免受到首因效应的负面影响。

首因效应的产生，与个体的认知结构以及知识积累、社会阅历的丰富程度有关，并不是不能改变的。一般来说，认知结构简单的人更容易受到首因效应的负面影响。只要个体通过自己的努力做出一些让人“刮目相看”的举动，或是双方有了更进一步的接触，彼此之间的了解加深了，就有可能消除首因效应的负面影响。

近因效应
好形象不注意维护，有可能会“晚节不保”

在人际交往过程中，双方最后一次接触时给对方留下的印象往往像第一印象一样，也是非常深刻的，可以冲淡甚至掩盖在此之前产生的各种印象，并在对方的脑海中存留很长时间。也就是说，人们在识记一系列的事物时，对末尾部分的记忆效果要优于中间部分。这样一种心理现象，被称为“近因效应”。

1957 年，美国社会心理学家洛钦斯用编撰的两段文字作为实验材料，研究了首因效应和近因效应。他编撰的两段文字材料，主要描写了一个名叫吉姆的男孩的生活片段。在第一段文字材料中，吉姆被描写成一个热情、开朗的人。比如，其中有这样一段文字：在一个阳光明媚的早上，吉姆背着书包跟小伙伴们一起去上学，在经过一家文具店时走进了文具店，跟一个熟人聊了几句才出来，不一会儿又遇到了一个前天晚上才认识的女孩，就跟那个女孩打了一声招呼，等等。在第二段文字材料中，吉姆则被描写成了一个冷淡而又孤僻的人。比如，其中有这样一段文字：放学后，吉姆一个人步行回家，既没有跟熟人说话，也没有跟刚认识的女孩打招呼……在实验中，洛钦斯把两段文字加以整合，设计出了四篇小短文。在第一篇小短文中，只有描写吉姆热情、开朗的文字；在第二篇小短文中，把吉姆描写得既热情又开朗的文字先出现，把吉姆描写得既冷淡又孤僻的文字后出现；第三篇小短文先出现描写吉姆既冷淡又孤僻的文字，再出现描写吉姆既热情又开朗的文字；第四篇小短文全篇都是把吉姆描写得既冷淡又孤僻的文字。之后，洛钦斯把这些小短文分别交给四个水平相当的试验小组，请各组受试者先把自己拿到的小短文阅读一遍，再评价一下吉姆是不是一个外向的人。实验结果表明，在拿到第一篇小短文的受试者中，有 95% 的人都认为吉姆非常外向；在拿到第二篇小短文的受试者中，有 78% 的人认为吉姆是一个比较外向的人；在拿到第三篇小短文的受试者中，只有 18% 的人认为吉姆是个外向的人；在拿到第四篇小短文的受试者中，仅有 3% 的人认为吉姆是外向的。这一实验结果不但证明了获得信息的顺序会对社会认知产生一定的影响，还证明了先获得的信息比后获得的信息具有更大的影响力，也就证明了首因效应确实是存在的。

经过进一步的研究，洛钦斯又发现，只要在展示这两段文字材料的过程中穿插一些与试验不相关的其他活动，比如做数学题、听故事等，那么无论是先展示第一段文字材料，还是先展示第二段文字材料，能够给受试者留下深刻印象的都是最后展示的那段文字材料。由此可见，在印象形成的过程中，如果前后两次获得的信息不同，而且中间又有与它们无关的工作把它们隔开，那么个体最后获得的信息即最新信息在形成总印象的过程中所起的作用更大。这一后续实验，证明了近因效应的存在。

心理学研究表明，在人际交往的初期阶段，首因效应对交往活动具有重要的影响，可是到了交往的后期阶段，也就是在彼此已经相当熟悉时，近因效应也会对交往活动产生同样重要的影响。也就是说，首因效应一般在对陌生人的认识中起重要作用，而近因效应则在熟悉的人之间起重要作用。

高晓明是一名应届毕业生，他行事稳重，平时人缘很好，多少也有些真本领，可是在找工作时却屡屡碰壁。他参加了好多次面试，可最终都被用人单位拒之门外。在经历了多次挫折之后，高晓明决定要找到自己面试失败的原因。他找到自己的亲朋好友，请他们说一说他的缺点，可是大家却异口同声地说："我觉得你挺不错的，一时还真让人找不出缺点来！"高晓明一时想不到其他办法，只好借故跟售货员等陌生人搭讪，并把自己的情况跟对方说明，然后诚恳地请对方指出自己的缺点，最后终于有一个人认真地指出了他的缺点："你在跟人说话的时候显得有些害羞，而且眼睛经常往下看，让人觉得你既不自信又有些看不起人。"高晓明一想，觉得这个人说得很对，就努力改掉了这个毛病，结果很快就找到了一份理想的工作。

正因为高晓明平时给亲友留下的印象很好，引发了近因效应，所以亲友们并没有发现高晓明有这个缺点。由此可见，熟人对个体的好感会让个体的优点更突出、缺点被忽视。

研究发现，近因效应的作用一般不像首因效应那样明显，可即便如此，近因效应在现实中也是很普遍的。除了上面说的高晓明的事例之外，在日常生活中也有一些比较典型的例子。

程志强和陈飞是大学同学，他们虽然不是非常了解对方，但是有许多共同爱好，关系一直很好。近来，程志强的父母在闹离婚，程志强不知道应该怎么面对和解决这个问题，也不愿意向别人诉说自己的心事，心里苦恼极了。这天，不明就里的陈飞像往常一样邀程志强跟他一起去邻校踢球，谁知程志强不但没跟他一起去，还冲他发起火来，说他整天就知道玩乐……陈飞听了这话，一下子愣住了，就回斥了程志强几句，两个人最终不欢而散。此后不久，程志强又偶然被卷入一宗校园打架斗殴案，于是陈飞就认定程志强的心理问题很严重，便逐渐跟程志强疏远了。

程志强突然出现异常言行，给陈飞留下了非常深刻的印象,以至于一下子颠覆了他对程志强以往的表现所形成的看法，对程志强产生了误解，逐渐疏远了程志强。如果从近因效应上来分析，就不难理解陈飞的做法了。

除了友谊破裂之外，现实生活中的情人分手、夫妻反目、朋友绝交等情况也都跟近因效应具有一定的关系。

那么，近因效应是怎么产生的呢？心理学家认为，在学习了一系列的材料之后，对该系列中的最后几个项目的回忆是从短时记忆中提取出来的，因为对它们的回忆与对它们的识记之间间隔的时间最短，而对短时记忆的提取又促成了近因效应。也就是说，当不断有足够引人注意的新信息出现，或者原来的印象已经淡忘时，最新获得的信息会留下深刻印象，从而产生近因效应。前后获得的信息的间隔时间越长，前面获得的信息也就越模糊，而后面获得的信息在短时记忆中则更为突出，因此近因效应也越明显。除此之外，个性特点也会引发近因效应或首因效应。一般来说，**思维开放、头脑灵活的人容易受近因效应的影响，而思想保守的人则容易受首因效应的影响。**了解了近因效应产生的原因，我们就可以趋利避害，让近因效应为我们所用了。

近因效应有利的一面，就是给那些已经给别人留下不好的第一印象的人提供了颠覆坏形象的机会。第一印象并不是无法改变的，它最终也会像其他的记忆信息一样，随着时间的推移而慢慢地淡化。如果给别人留下的第一印象是好的，那么我们要继续努力提升自己的能力，增强自身的吸引力，这样才能把这种好印象继续维持下去；如果给别人留下了坏印象，我们就得正视自己的缺点和不足，然后努力提高自身的素质和修养，让近因效应帮助我们扭转这种不利局面。

近因效应不利的一面，则是会导致人们忽略那些与他们关系很好的人的缺点。上面提到的高晓明的故事，就是近因效应不利影响的典型例证。由于近因效应使人们更加重视新近获得的信息，并以新近获得的信息为依据去评价个体，却忽略了以往获得的信息的参考价值，割裂了现象与本质之间的联系，所以会妨碍人们全面、客观、公正地评价个体和客观事实，给人们的实际工作和生活带来了许多不利的影响。为了避免这种情况的发生，我们应该冷静地对待个体近期的异常表现，这样才能避免双方在情绪失控的情况下做出更加激烈的行为。等到双方都心平气和时再理论，才能避免近因效应的不利影响，把问题处理好。

投射效应
人们普遍有以己度人的心理

在人际交往过程中，认知者在对他人形成某种认识时，往往总是习惯于假设他人与自己具有相同的特性，即具有把自己的特性投射到他人身上的倾向，或是常常认为别人理所当然地应该知道自己心里的想法。像这样一种以己度人的心理现象，在心理学上称之为“投射效应”，又名“假定相似性效应”。

为了证明投射效应的存在，有一位心理学家曾经做了一个实验。他询问了 80 名大学生，问他们是否愿意背着一块大牌子在校园里到处走动，结果有 48 名大学生表示愿意这么做。除此之外，那些愿意背着牌子在校园里到处走动的学生还认为大部分学生都会乐意这么做；而剩下的那些表示不愿意这么做的学生则持有相反的观点，他们普遍认为只有少数学生愿意这么做。由此可见，无论是愿意还是不愿意背着牌子到处走动的学生，都将自己的态度投射到了其他同学身上。

能够反映出投射效应的实例有很多，其中一个比较典型的事例就是宋代大文豪苏轼和佛印和尚的故事。

苏轼和佛印是好朋友，两个人经常一起参禅、打坐。不过，由于佛印为人忠厚、老实，而苏轼为人豪放、机灵，所以苏轼经常会故意调侃佛印。这一天，两个人正在面对面地打坐，苏轼突然问佛印："以大师慧眼来看，我像什么？"佛印微笑着说："我看你像一尊金佛。"苏轼听朋友说自己是佛，不禁高兴得哈哈大笑，然后对胖乎乎的佛印说："可是你知道你坐在那儿看上去像什么吗？活像一堆牛屎！"佛印听苏轼说自己是"一堆牛屎"，并没有感到不快，只是说："佛由心生，那些心里想着佛的人，会觉得眼前的万事万物都是佛；而那些心里想着牛屎的人则不同，他们会觉得眼前的所有事物都是牛屎。"苏轼自以为这一次又占了个便宜，没想到真正吃亏的人却是他。

除了这些古代事例之外，人们自身的一些行为也能反映出投射效应。比如，许多人往往习惯于用自己的标准来衡量别人的行为，如果别人的行为与他的行为不一致，他就认为是别人违反了常规；那些喜欢说谎的人，往往不会轻易相信别人的话，总以为别人说的话也是不真实的；那些自我感觉良好的人，往往认为他在别人眼里也非常优秀；在那些嫉妒心强的人看来，别人只要对他稍有不敬就是在嫉妒他；在一个心地善良的人眼里，几乎所有的人都是善良的，所以他总不相信有人会加害于他；如果一个人经常算计别人，那么他往往会觉得所有人好像都在算计他；自己喜欢某个人时，总以为别人也喜欢那个人，因此总对别人莫名其妙地吃飞醋……

一般来说，投射可以分为以下两种类型。第一种类型是感情投射，就是当一个人拥有某些特性时，他总会不自觉地将这些特性强加到别人身上，认为别人也具有跟他相同的特性，即把他自身所具有的特性投射到别人身上。比如，一个对别人有敌意的人往往会觉得所有人对他都怀有敌意，甚至觉得别人的一举一动都带有挑衅的意味。再比如，当一个人喜欢某一事物时，他总是认为别人也应该喜欢这一事物，于是喋喋不休地跟别人谈论这一事物。如果别人表现出不愿意继续听下去的样子，他就认为别人这么做是不给自己面子或不理解自己。这种类型的投射，往往产生于观察者与观察对象的年龄、职业、社会地位、身份、性别等比较相似之时。究其原因，主要是人们具有“物以类聚，人以群分”的观点，总以为同一个群体中的人会具有某些共同特征，所以人们在认识和评价与自己属于同一群体的人时，往往并非实事求是地根据别人的真实情况或自己的观察做出判断，而是想当然地把自己的某些特性投射到了别人身上，即认为别人的为人跟自己是一样的。此外，人们往往喜欢跟那些与自己具有某些共同特性的人做比较，但又不希望自己被比下去，而投射效应刚好具有一种防止这个结果发生的作用，即让人们觉得自己和别人其实也没什么区别，因此人们才喜欢以己度人。

第二种类型是不能客观地接受事物本来的样子，尤其是觉得自己有缺点的时候。当一个人觉得自己所具有的某些特性并不好时，自己可能很难接受，为了寻求一种心理平衡，减轻自己内心的不安，让自己重获安宁，他会将那些不好的特性投射到别人身上，即认为别人也具有这些不好的特性，所以也是一种自我保护的措施。一般情况下，人们更喜欢把那些不好的特征投射到自己所尊敬或崇拜的那些人身上，其逻辑是“既然这些人的光辉形象并没有因为这些不好的特性而受损，那么我有这些特性自然也不要紧了”。换句话说，就是即便那些有声望的人都不可避免地具有这些特性，更何况是“我”这个微不足道的平凡人呢？这么一想，人们心里的不安就会大大地减轻，重新恢复心理平衡。除此之外，人们还会越来越喜欢那些他们原本就尊敬或崇拜的人，越来越讨厌那些他们原本就不喜欢的人，以证明自己的判断并没有错。

借助于投射效应，我们往往可以根据一个人对别人的看法来推断这个人的心理特征或真实意图。在很多情况下，我们对别人所做的推断都是比较正确的，因为人具有一定的共性。这一点对我们不无启发：**如果想在人际交往中成为一个受欢迎的人，首先要学会给予对方正确的投射，找到对方的真正喜好，然后投其所好。**

在拓展市场时，也可以采取这种方法。就拿芭比娃娃在日本的推广情况来说吧，刚进入日本市场时，芭比娃娃的销量并不高，致使商家蒙受了一笔不小的损失，商家经过一番市场调研，总算找到了原因所在：自以为是地假定日本市场和美国市场具有相似性，认为在美国受欢迎的芭比娃娃在日本也一样受欢迎，却没有想到日本人和美国人之间的生理和心理差异，忽视了日本消费者真正的心理需求。在日本小女孩眼中，洋娃娃往往代表自己长大后的形象，可是原产于美国的芭比娃娃却拥有过大的胸部、过长的双腿，而且眼睛是蓝色的不是黑色的，这些都不符合日本小女孩的期望，所以芭比娃娃在日本销路不畅。于是，商家重新调整了芭比娃娃的胸部大小和双腿的长度，并将芭比娃娃的眼睛设计成了与黑色相近的咖啡色，然后投放到日本市场上，果然取得了良好的销售业绩。

不过，古语有云："人心不同，各如其面。"每个人都是独一无二的，如果我们不考虑人与人之间的差异，只凭主观臆断胡乱地投射，就无法真正地认识别人，也无法真正地了解自己。总之，投射效应是一种严重的认知心理偏差。要想克服这一效应的负面影响，必须辩证地、一分为二地对待别人和自己。

仰巴脚效应
最讨人喜欢的是精明而带有小缺点的人

也许很多人都有这样一种体会：那些能力平平的人固然不易受人倾慕，可是那些几近完美的强人也一样，反倒是那些既精明又有一些小缺点的人最讨人喜欢。像这样一种心理现象，被称为“仰巴脚效应”。

“仰巴脚”这个名词来源于北京方言，指的是一不小心摔了个四脚朝天的姿势。在有人不小心摔了一跤，结果摔了个脊背着地、四脚朝天时，人们往往会被摔跤者的姿势逗乐，忍不住笑起来。从常理来看，摔跤也算是一件尴尬事，会让摔跤者觉得自己出了丑，可是旁观者却不这么看，反而认为这种事很好笑，于是忍不住笑起来，而且其中并不包含嘲笑的成分。

旁观者为什么会具有这样一种心理呢？这正是因为有仰巴脚效应在起作用。中国有句俗话说得好：“高处不胜寒。”用它来形容那些几近完美的人的感觉是再合适不过了。没错，如果一个人几近完美，就会给人一种高高在上之感，使人不敢接近他；即便有人敢跟他交往，那个人也难免会因为自己比不上他而感到惴惴不安，进而不愿意与他有过多的来往。这么一来，跟他交往的人就会越来越少，他产生“高处不胜寒”之感也就在所难免了。可是，一旦这种几近完美的人不经意间犯了一个小错误，这一状况就会立刻发生改变。具体来说，就是那些貌似完美无缺的人一不小心犯下的小错不但瑕不掩瑜，反而会让人觉得他就跟普通人一样，也是会犯错误的，而人们一旦发现他也有平凡的一面，就会觉得他既真实又安全，进而解除对他的敬畏之心。

一位著名的心理学教授曾经做过一个实验，证实了仰巴脚效应。这位教授准备了四段情节相似的访谈录像，在受试者面前播放。第一段访谈录像里的受访者，是一位事业成功者，他在接受采访之初神态自若、谈吐文雅，看上去非常自信，在采访过程中也表现得非常出色，赢得了台下观众的阵阵掌声。第二段访谈录像里的受访者，也是一位事业成功者，不过他看上去有些羞涩和紧张，当主持人向台下观众介绍他的成就时，他更加紧张了，以至于碰翻了桌子上的咖啡杯，把主持人的衣服都溅脏了。第三段访谈录像中的受访者只是一个没什么成就的普通人，他在接受采访时虽然不怎么紧张，但是也没有什么出彩的地方。第四段访谈录像中的受访者也是一个普通人，他的表现跟第二段访谈录像中的受访者的表现差不多。等这四段录像全部放映完毕之后，教授让受试者从上述这四个人之中选出一位他们最不喜欢的人，再选出一位他们最喜欢的人。测试结果显示，受试者最不喜欢的人是第四位受访者，最喜欢的人是第二位受访者，而不是第一位受访者。

这个实验证明，那些有过突出成就的人的一些小失误，不但不会影响人们对他的好感，反而会让人们觉得他既真实又值得信任。换句话说，那些既优秀又有一些小毛病的人，往往容易赢得人们的喜爱。

程小华是一家策划公司的策划员，她刚进公司时很不受欢迎。其原因并不是她笨手笨脚，老是给同事添麻烦，而是她不但毕业于一所名牌大学，还漂亮且聪慧，业务能力也很强，这使得同事们都认为她一定是一个目空一切的人，所以大家都不愿意主动接近她，只是表面上对她非常客气而已。程小华是个聪明人，她立刻注意到了这一点，可是一时却不知道该怎么打破这种僵局。

一次，同事们正在闲话家常，生活经验不足的她就趁机说了一些她自己难以解决的生活问题，并虚心地请同事们帮她想想办法。同事们见她也会因为一些生活琐事而感到困扰，顿时觉得她也是普通人，于是立刻放松下来，纷纷给她支招儿，大家越聊越开心。在这次交流之后，同事们就改变了对她的看法。通过进一步的接触，程小华逐渐融入了同事之中。

恰当地利用仰巴脚效应，对我们无疑是有帮助的，因此我们要善于利用仰巴脚效应。

比如，身为教师，不但要具有过硬的教学能力，以赢得学生的尊敬和信任，还要具有一定的人格魅力。而决定人们相互吸引的因素，更多的是人的情感。因此，教师完全可以适当地运用仰巴脚效应，比如偶尔犯下明显的写错字、记忆不准确、行为有偏差等小错误，这样往往能够引起学生情感上的奇妙变化，使学生觉得教师也跟普通人一样会犯错误，进而促进教育中平等与和谐的人际关系的形成。当然了，教师要想运用“犯错”手段来增强自己的人格魅力，首先需要提高自己的教学能力。这时，无论教师有没有“犯错”，他在学生心目中的形象都是高大的。即便他真的偶尔不小心犯下一些小错误，他也不应该掩盖错误，而应该勇敢地承认和改正。学生看到教师不但敢于认错，还虚心地改正，会认为教师是一个治学态度严谨、品质高贵的人。一些教育观察显示，教师改正自己的错误的行为，不但非常受学生重视，而且会震撼学生的心灵，使学生发自内心地接受甚至敬仰教师，而这正是教师的人格魅力所能达到的最高境界。相反，如果教师向学生掩盖了自己的错误，那么他就犯了更大的错误，这不仅是一个教育上的过失，也是一个做人方面的过失。故意犯错的行为也是不可取的，因为这么做不但不会产生“犯错误效应”，还可能带来许多意想不到的坏影响，既危险又愚蠢。

如果是企业领导者，不妨做一个既有威望又会犯一些无伤大雅的小错误的人，这样不但能够赢得下属的尊敬，还会让下属觉得你是一个既真实又可爱的人，从而使下属更加喜欢和信任你。

在人际交往中，我们要善于利用自己的一些小缺点，使自己变得“合群”，从而拉近与别人的距离。

刺猬效应
和谐的人际关系在合适的距离中实现

为了研究刺猬在寒冷的冬天里是怎么生活的，有一位生物学家曾经做了一个实验。在一个寒冷的冬天，这位生物学家将十几只刺猬放到户外的空地上,然后站在一旁观察它们的反应。这些刺猬冻得浑身发抖，为了取暖，只好相互靠拢。可等到紧紧地靠在一起之后，它们却又无法忍受彼此身上的长刺，因此没过多久它们就分开了。不过，由于天气实在太冷了，所以后来它们又靠在了一起，之后再分开。就这样，刺猬们反复地挣扎在挨冻和被刺的边缘。几经折腾，刺猬们最终还是靠在了一起，只不过不再像以前那样紧紧地靠在一起，而是拉开了一些距离。这么一来，虽然户外寒风阵阵，但是这些刺猬却依然睡得很香。

刺猬挨得太近会被刺伤，离得太远又冻得难受，只有保持一定的距离，才能既保暖又不至于被刺伤。人又何尝不是如此呢？在人际交往中，只有保持适当的生理和心理距离，双方才能和谐相处。像这样一种现象，心理学上称之为“刺猬效应”，又叫“刺猬法则”。

在现实生活中，普遍可以见到刺猬效应，只不过许多人都没有意识到它的存在罢了。就拿在公交车上选座位这个许多人都曾经亲身经历过的事情来说吧，假如车上还剩六个空位，前两个空位在第一排，可是其中一个已经被走在你前面的一个乘客占了；第三和第四两个空位在第二排，可是其中一个也被刚上车的一个乘客占了。现在还剩下第一和第二排的两个空位，以及第三排的两个空位，总共四个空位，你会选择坐在哪个座位上？在突然听到这个问题时，也许许多人会犹豫一下，然后才能确定自己到底会选择哪个座位，可实际上他们在现实中早就已经下意识地选择了第三排的其中一个座位。由此可见，人与人之间确实像刺猬一样，彼此也需要保持一定的距离，否则双方都会感到不安。

为了证实这一点，有一位心理学家曾经在阅览室里做了一个实验。这位心理学家来到一个阅览室，等到有一位读者走进阅览室时才跟着走了进去，然后坐在那位读者旁边。此后，这位心理学家又重复做了这个实验，整整重复了 80 次，最终得出了这样的结论：当空旷的阅览室里只有两位读者时，没有一个受试者能够忍受一个陌生人紧挨着自己坐下来的行为。这位心理学家说，很多受试者在察觉到他这个陌生人紧挨着自己坐下之后，都默默地站起身来，走到远处才重新坐下。其中还有一些受试者更加敏感，甚至干脆地问他：“你想干什么？”

除了日常生活和学习之外，工作中也普遍能够见到刺猬效应的身影。比如，企业高管的办公桌一般都又大又宽，目的就是与来访者保持一定的距离，以免双方都觉得不自在。还有招聘时的面试等，双方之间往往也都是隔着一张桌子的。

为什么会出现这类情况呢？因为无论任何人，都需要一个个人空间，如果这个个人空间被别人入侵了，人们就会感到不舒服、不安全，进而做出愤怒、反感、抵抗等反应，以保护自己。

在现代社会，由于生活节奏越来越快，以及社会竞争的加剧，许多人都变得像刺猬一样，为了自保不得不用长刺把自己伪装起来，以免因为跟别人离得太近而受到伤害。可是，如果跟别人离得太远，就无法了解别人，只能胡乱猜想，然后怀疑这怀疑那……

刺猬效应告诉我们，在人际交往中，应该跟别人保持适当的心理距离，即便是亲人之间也不例外。

既然距离在人际交往中如此重要，那么在与他人交往时，到底要跟对方保持多远的距离才合适呢？个人空间范围的大小，一般取决于交往双方的人际关系，以及双方的具体情况。具体的社交距离也一样，主要是由交往双方的关系决定的，即你和对方之间应该保有的距离要跟你们当下的关系相称。一般来说，具体的社交距离分为以下四种：亲密距离、个人距离、社交距离、公众距离。

亲密距离是人际距离中的最小距离，一般保持在 15~44 厘米之间，当双方离得较近时，可能会碰到对方的身体、感受到对方的体温和气息、看到对方表情的细微变化等。我们平时所说的“亲密无间”，指的就是这种情况。这种距离只适用于在情感上具有密切联系的人，比如贴心的朋友、夫妻和恋人等。因此这种距离一般不适合出现在社交场合，否则会让人觉得不太雅观，甚至令人反感。

个人距离的近距离范围一般保持在 46~76 厘米之间，相当于两臂的距离，除了相互握手之外，双方一般很少有直接的身体接触，比较适宜进行亲切的交谈。这种距离适用于熟人之间。如果在第一次见到某人时就跟对方保持这种距离，往往会让对方觉得自己受到了侵犯。远距离范围一般保持在 76 ~ 122 厘米之间，适用于陌生人之间的谈话。

社交距离的近距离范围一般保持在 1.2 ~ 2.1 米之间，是人们在工作场所和社交聚会上与他人之间保有的距离。远距离范围一般保持在2.1 ~ 3.7 米之间，主要适用于比较正式的场合，目的是增加庄重的气氛。

公众距离一般是演说者与听众之间所保持的距离，近距离范围一般保持在 3.7 ~ 7.6 米之间，远距离范围一般保持在 10 米之外，适用于所有人。

交往双方之间所保有的空间距离，无疑是双方关系好坏的重要标志。了解了这一点之后，我们在人际交往中不但可以有意识地与他人保持适当的距离，还可以通过观察，更好地了解别人之间的关系，更好地进行人际交往。

当然了，交往双方的空间距离并不是固定不变的，而是可以调节的。对交往双方之间保有的空间距离的调节，是由双方的具体情况决定的。如果双方的社会地位、文化背景、性格特点等存在较大的差异，就应该视情况调整一下双方之间的空间距离，以免阻碍双方之间的交流。比如，一般来说，社会地位高的人往往希望拥有更大的个人空间，所以无论你们之间的关系是好是坏，你都不宜跟他保持过于亲密的距离，以免让他产生被侵犯之感。在跟那些性格内向的人交往时，也不宜与之靠得太近，因为他们所要求的个人空间也较大，往往不愿意接近别人，也不愿意别人主动靠近。即便是亲密的夫妻，也应该让彼此都能保有一片私密空间。只有这样，才能让对方觉得舒服、安全。

刺猬效应除了可以应用在生活、社交等场合之外，还可以应用于管理之中。管理心理学专家认为，企业领导要想搞好工作，应该与下属保持“亲密有间”的关系，也就是一种不远不近的合作关系。俗话说：“距离产生美。”如果一个领导原本很受下属敬重，可是后来由于跟下属太“亲密”了，甚至与下属称兄道弟、吃喝不分，以至于连自己的缺点都暴露无遗，那么下属完全有可能在不知不觉间改变原有的看法，认为领导其实并不值得敬重，甚至开始对领导感到失望和厌恶，或者公私不分，使领导无法顺利地开展工作。所以，在面对下属时，领导既要表现出随和，又要跟下属保持一定的距离，使下属对其产生一定的敬畏之感，这样才有利于工作的开展。

自己人效应
和陌生人拉近关系的诀窍

在人际交往中，人们往往习惯于对那些与自己属于同一类型的人产生亲近感和信赖感，即人们大都喜欢那些和自己相像的人，如果双方关系很好，那么其中一方往往更容易接受另一方的某些观点和立场，甚至不好意思拒绝另一方提出的过分要求。像这样一种心理现象，心理学上称之为“自己人效应”，又名“同体效应”。

1961 年，社会心理学家纽卡姆做了一项实验。实验结果表明，态度和价值观越相似的人相互之间的吸引力越大。这种相似之处不但像黏合剂一样将相似的两个人紧紧地粘在一起，还能给这两个人带来一种舒适感，使他们之间生发出认同感和亲密感。如此一来，他们自然能够营造出一种良好的人际沟通氛围。由于这一实验证实了自己人效应的存在，因此自己人效应又名“纽卡姆效应”。

所谓“自己人”，就是指那些在某些方面与自己具有相同或相似之处的人。这种相同或相似之处，既可以是血缘、地域上的，也可以是性格、志向、兴趣、爱好、利益上的。无论是

“自己人”所说的话，还是“自己人”所做的事，都更容易令人接受。有道是：“如果是自己人，那么什么都好说；如果不是，一切都得按规矩办。”同一句话，如果是自己喜欢的人说出来的，人们往往比较容易接受；可如果是自己讨厌的人说出来的，人们则很可能会本能地加以抵制。因此，在现实社会中，许多人经常把“自己人”一词挂在嘴边，可事实上他们和对方并没有血缘关系，甚至双方以前根本就没有见过面。人们会这么说，无非是想借此跟对方套近乎，希望对方将其当成“自己人”，从而达到让对方接受其意见、建议或请求的目的。

自己人效应具有巨大的影响力，这一点有相关的历史典故为证。

公元前630年，秦、晋两国以郑国曾经对晋文公无礼却亲近楚国为由，准备联合攻打郑国。郑国很弱小，无法抵挡秦晋两国的进兵。在国家面临危难之际，一直怀才不遇的烛之武挺身而出，前往秦国与秦穆公谈判。烛之武虽然只是一个养马官，但忠君爱国、智勇双全，他睿智地察觉出当时的秦晋联盟并不牢固，两个“超级大国”彼此猜忌很深，因此他决定通过自己的智谋劝秦穆公主动退兵。他知道，在这一场智谋的较量之中，他要做的一件关键事就是让秦穆公把郑国当成“自己人”，而晋国只是一个想借助于秦国占一个大便宜的“外人”。于是，在见到秦穆公之后，他镇定地说：“我虽然是郑国的大夫，却是为了秦国的利益才到这里来的。”秦穆公冷冷地笑了笑，根本不相信他。

烛之武继续镇定地说："秦、晋两国围攻郑国，郑国已经知道自己必定要灭亡了。可是，郑国在晋国东边，秦国在晋国西边，两地之间相距千里，如果郑国灭亡了，秦国难道还能隔着晋国管辖郑地吗？郑地只会落在晋国人手上！秦国和晋国相邻，国力也相当，可一旦郑国被晋国吞并，晋国的实力就会超过秦国。为了帮助邻国扩大疆域而不惜削弱自己的力量，这恐怕并非明智之举。更何况，如今晋国已经有了在诸侯之中称霸的迹象，根本就没有把秦国放在眼里，一旦郑国灭亡了，晋国就会向西侵犯秦国。"秦穆公听到这里，连连点头称是，然后请烛之武坐下来好好说。烛之武继续说："晋惠公曾经说过要把晋国的焦、瑕两座城池送给大王您，以报答您的恩惠。可是，晋惠公早上才渡过黄河回国，晚上就命人修筑起防御工事来，这一点大王您也是知道的，由此可见晋国有多么不知足。现在晋国已经向东扩展了，想把郑国当成它的边境，同样很快就会向西扩展，从秦国得到它所渴望的土地。如果大王放弃攻打郑国的计划，把郑国当作东方道路上的主人，使郑国能够以'东道主'的身份负责招待过往的秦国使者和军队，晋国就不会再有增强实力的机会，大王也没什么损失，只会得到更多的便利。还请大王三思而行！"秦穆公听了这番话，觉得烛之武的话句句都是在替秦国考虑，因此一下子就把他当成了"自己人"，并听从了他的劝告，宣布放弃攻打郑国的计划，跟郑国结了盟。

晋国见自己没了同盟，考虑再三，最终也撤军了。于是，郑国最终解了被围攻的燃眉之急。

数十万军队都难以顺利解决的一件事，就这样被烛之武的三言两语轻易地化解了，由此可见自己人效应的影响力有多强大。

不过，在当今社会，也有许多人并没有意识到自己人效应的巨大作用。比如，在日常生活中，许多人都是怀着戒备心理出现在公众场合的。在某些社交场合，人们也更倾向于先跟亲友或熟人交流，而不愿意主动跟陌生人搭讪，即便主动跟陌生人搭讪了，也显得不够热情，甚至有可能令对方产生戒备心。如果我们想结交新朋友，就必须尽快让对方消除这种戒备心理，进而使对方把我们当成自己人。林肯曾经引用过一句古老的格言："一滴蜂蜜能够比一加仑胆汁捕获到更多的苍蝇。"同理，人心也是如此。当你希望获得别人的赞同时，你首先要使他相信你是他的忠实朋友，你对他来说是"自己人"。

那么，到底应该怎么做才能让对方尽快地把我们归入"自己人"的行列中呢？

第一，强调双方的相同或相似之处，使对方认为你是"自己人"，从而使你提出来的意见或建议更容易被对方接受。这一点如果运用得好，不但能缩短双方的心理距离，还能引起双方情感上的共鸣，使双方的交流更有效果。

比如，有一位教师在矫正中学生早恋的倾向时，是这样教导学生的："老师像你们这么大的时候，不知怎么搞的，老是会想起班里的一位女同学，上课时还经常忍不住偷偷地看她一眼……这是青春期性萌动的正常反应，所以现在正处于青春期的你们不必为此而担心，也不必因此而感到难为情……"接着，这位教师才说出了自己对早恋的看法。这种做法就比较好，既亲切又可信，能够让学生把教师当成知心朋友。而学生一旦把某位教师当成了"自己人"，就会对与他相关的一些事物产生兴趣。上述事例中的这位教师就做到了这一点，从而使得学生主动意识到早恋的负面影响，最终达到了使学生甘愿采纳那些有积极意义的意见和建议的目的。如果把这种方法运用到课堂教学上，也能取得同样的效果。

第二，让对方感觉到你是发自内心地对他感兴趣，用真情实感来打动他。心理学研究表明，**每个人都有一种希望别人对自己感兴趣的心理倾向。**在人际交往中，如果我们能够满足对方的这一心理需求，往往能够取得预期的效果。

在林肯参加总统竞选时，他的一个竞争对手抓住他出身贫寒这一点，对他展开了进攻。然而，林肯却巧妙地回击了对手，不但扭转了劣势，还赢得了民心。在一次演讲中，他对选民们说："有人曾经问我有多少财产，在这里我就跟大家说一说这件事。我有一个妻子和一个儿子，他们对我来说都是无价之宝。除了他们之外，我还租了一个办公室，办公室里有一张桌子、三把椅子，墙角还有一个大书架，上面的书值得每个人去读一读。至于我本人，你们也看到了，又高又瘦，长着一张长长的脸。说句实话，我还真没有什么可依靠的，唯一能够依靠的就是你们了。”

林肯说的最后一句话，表达了他热爱民众的深厚情感，使选民们觉得他把他们当成了自己人，所以他们自然愿意支持他了。

这一事例说明，要想让别人对你感兴趣，你首先要对别人感兴趣，用你的真情实感来打动他们。

第三，努力使双方处于平等的地位。要想得到对方的接纳和信任，必须使双方在心理上的地位处于平等状态，如果有一方高高在上，甚至拒人于千里之外，那么另一方自然不可能把他当成自己人。双方只有平等地交流，才有可能提高自己的人际影响力。

第四，展现出良好的个性品质，赢得别人的好感和信赖。社会心理学家指出，一个人内在的良好品质是产生持久吸引力的关键，有助于“自己人效应” 的产生和发展。一般来说，人们都喜欢那些具有坦率、大度、正直、真诚、友好、热情、开朗等良好个性品质的人，而讨厌那些具有虚伪、心胸狭隘、傲慢、自私、奸诈、冷酷等不良个性品质的人。所以，我们要强化自身的那些良好的个性品质，给别人留下深刻的印象，进而使他们把我们当成“自己人”，以增强我们的人际影响力。

瀑布心理效应
说错一句话，引来万倍伤

在现实生活中，可能许多人都曾经见识过这样的事：某个人随口说出一句话，却引起了别人非常强烈的反应，有点儿“一石激起千层浪”的感觉。也就是说，说话者的心里比较平静，可是从他口中传出来的信息却使得听者的心理失衡，以至于听者的态度或行为也随之产生了变化。这样一种心理现象，就像大自然中的瀑布一样。瀑布在断层或峡谷的顶部还非常平静，可是一旦跌到了断层或峡谷的底部，就浪花四溅，水珠飞扬，还发出轰隆隆的巨响。因此，人们称这种心理现象为“瀑布心理效应”。

瀑布心理效应告诉我们，说话时要注意把握分寸。的确，俗话说：“说者无心，听者有意。”哪怕是随口说出来的一句话，也很有可能会触犯某个人的忌讳，让这个人感到心中不快，甚至给说话者招来不必要的麻烦。

李娟是一家广告公司的设计员，这天中午，同事们一边吃饭一边闲聊，聊着聊着就提到了奖学金的事儿。李娟扬扬自得地说：“我男朋友读大学的时候，每年都能获得一等奖学金。”一个刻薄的女同事听了，立刻接茬说：“只有那些家里穷得连饭都吃不饱的人，才会拼了命地学习，希望给自己攒一些生活费。哪怕是挤破了脑袋，他们也会尽力争取的！”李娟听了这话，顿时涨红了脸，但是她什么话也没说，只是羞愤地看了那个女同事一眼，然后低下头来继续吃饭。这一顿饭，她食不知味。从此以后，虽然她表面上依旧像以前一样跟那个女同事有说有笑的，但是心里却一直对这件事耿耿于怀。

像这种被“无心之言”刺伤的经历，相信许多人都经历过。有时候，别人不经意间说出一句话，明明没有什么恶意，可是我们却非常重视，听出了弦外之音，因为那句话刚好戳到了我们的软肋；或者我们本来好好的，既没招谁也没惹谁，可是偏偏有人故意找茬。于是，我们就不由自主地想要发火，否则心里就不痛快。不过，谁都有一不小心说错话的时候，在把话说出口的一刹那，也许说话者并没有料到自己的一句话会引起如此强烈的反应。所以，假如我们不经意间被伤害了，那么我们不妨心胸开阔一些，原谅别人的“无心之失”，就像原谅孩子的“童言无忌”一样。

不过，这也并不是所有人都能够做得到的。有些心胸狭窄的人，很可能会因为别人一句无心之言而一直难以释怀。所以，我们在跟陌生人打交道时，还是尽量注意把握说话的分寸，谨言慎行为好。那么，具体应该怎么做才能避免言语有失，成为一个受欢迎的人呢?

要让说话不失分寸，除了提高自己的文化素质和思想修养之外，还要注意以下几点：

第一，注意避免触犯那些言语禁忌，以维护别人的自尊心。并不是所有的话题都适合拿出来讨论的，像个人隐私、疾病、伤心往事、身心缺陷等敏感话题，往往都是别人刻意隐藏的秘密，属于言语禁忌，如果你擅自谈论，就相当于揭人伤疤，严重损害了他人的自尊心。比如，如果对方身材矮小，那么你最好不要在谈话中提起身高的问题。

第二，说话要客观，并注意自己的表达方式，这样就不会轻易引起别人的主观臆测了。

第三，说话时要注意用符合自己身份的言语，以免有失身份，同时也让别人不高兴。

第四，做到宠辱不惊，切勿过于兴奋，以免得意忘形，以致口不择言，无意中伤害到他人。

第五，注意语言的地域差异，在社交场合最好用普通话与别人交流。

第六，与人为善。这一点非常重要，因为一个人只有心怀善念，才不会用恶语伤人，更不会轻易做出伤害人的行为。

总之，会说话、说好话是一门艺术，只有掌握好说话的分寸，才能避免瀑布心理效应的出现，才能在社交中游刃有余，和他人打成一片。

冷热水效应
动一动小心思，就能左右人们对事物的感知

现有一杯温水、一杯冷水和一杯热水，当我们先把手指伸进冷水里，再伸进温水里时，会觉得温水是热的；可是，当我们先把手伸进热水里，再伸进温水里时，则会觉得温水是凉的。在跟温度不同的水比较时，同一杯温水会给人不同的感觉，这种现象被人们称为“冷热水效应”。

为什么会产生这种现象呢？这是因为人人心里都有一杆“秤”，只不过“秤砣”即“冷”和“热”的标准是随着人们心理的变化而不断变化的，它影响了人们对事物的感知。在把手指伸进冷水里时，人们会把冷水的温度当成他们对温度的感知标准，认为只要比这一标准高的温度就是高温，这么一来温水相比之下自然是热的了；在把手指伸进热水里时，人们又把热水的温度当成了他们对温度的感知标准，认为只要比这一标准低的温度就是低温，这么一来温水自然是凉的了。虽然是同一杯温水，可是由于人们心里衡量它的“秤砣”不一样了，所以人们对事物的认知自然也就跟着发生变化了。

冷热水效应对我们的社交活动具有很大的影响 。比如，

在有求于人时，假如我们把要求提得高一点，先让对方在“热水”里浸泡一会儿，让对方觉得难以忍受，这时再降低要求，那么我们往往能够更轻易地让对方认可“温水”。在不能给别人提供“热水”时，如果我们先端一盆“冷水”给他，再端来一盆“温水”，那么这盆“温水”往往也能获得他的好评。因此，在人际交往中，我们要善于运用冷热水效应。

在社交活动中，人们难免会遇到不小心伤到别人、批评指正别人等问题，如果处理不当，就有可能损害到自身的形象。在这种情况下，我们可以利用冷热水效应设下“埋伏”，使对方心里的“秤砣”即衡量标准变小。只要我们运用得当，就可以让对方认为“温水”是热的，这样不但不会损害我们自身的形象，还能赢得他人的好感。比如，在不小心伤害到他人时，不妨过分地向对方道歉，彰显自己的诚意，这样往往可以收到“化干戈为玉帛”的效果。在即将说到令人不悦的话语时，不妨事先声明一下，让对方有一个心理准备，这样既能让对方体会到你用心良苦，还可以避免引起对方的反感。

一次，在一架民航客机即将着陆时，机舱里忽然响起了乘务员的声音：“各位乘客，由于机场设施出现问题，飞机无法正常降落，预计到达机场的时间要推迟一个小时，敬请大家谅解！”乘客们一听这话，顿时怨声四起，但是也只好耐心地等待着。谁知过了几分钟，乘务员又通知大家：“各位乘客，再过30分钟，飞机就可以安全降落，请大家做好准备。”乘客们听了，都如释重负地松了一口气。又过了几分钟，乘务员又通知大家说飞机马上就要降落了。乘客们一听，纷纷高兴得直叫好。

虽然飞机晚点了，可是由于机组人员无意之中运用了冷热水效应，首先让乘客心里的“秤砣”变小，让乘客觉得晚十几分钟总比晚一个小时好，所以乘客对晚点这件事本身非但不生气，反而非常高兴。由此可见，冷热水效应的作用确实不容小觑。

运用好冷热水效应，不但可以帮助我们妥善地处理生活和工作中遇到的一些具体问题，还能帮助我们有意识地推动形势朝着我们事先计划好的方向发展，让我们在职场中收放自如，从而将我们的未来牢牢地握在手中。就拿销售行业来说吧，有些营销人员总是渴望自己能够取得骄人的业绩，他们的上司当然也一样。不过，在发现自己的实际业绩可能会明显低于预期目标时，我们不但要有心理准备，好好面对这一挫折，并找到原因，还要未雨绸缪，采取冷热水效应，降低领导对我们的期望，这么一来，即便我们的销售业绩下滑得非常厉害，可是只要还没有超出领导的心理预期范围，我们就不太可能受到批评。

陈杰是一名汽车销售员，由于经验丰富、客户群人脉广，所以他每个月几乎都能卖出二三十辆汽车，深得公司销售部经理的赏识。上个月，受各种因素的影响，陈杰预计当月只能卖出大约10辆汽车。为了避免这一结果让销售部经理大失所望，陈杰想了又想，终于想到了一个好主意，那就是提前给销售部经理“打预防针”。于是，他对销售部经理说：“经理，您也知道，最近的行情不好，我估计我这个月顶多只能卖出五六辆车，还请经理体谅体谅！”经理听了他的话，思索了一会儿，然后不得不点了点头，表示赞同他的说法。到了月末，没想到陈杰竟然卖出了13辆汽车，不但远远超出了销售部经理的心理预期，也超出了陈杰自己的心理预期。销售部经理非常高兴，不但当众夸奖了陈杰，还给了他一笔奖金。

在这个案例中，陈杰预先把“顶多只能卖出五六辆车”这个最糟糕的情况向领导做了汇报，使得销售部经理心里的“秤砣”变小了，所以当陈杰没有像以往每个月卖出二三十辆汽车时，销售部经理对他的评价不但没有降低，反而提高了。如果陈杰没有事先给领导“打预防针”，那么当他的销售业绩一下子减少到13辆汽车时，销售部经理又会怎么想呢？他会认为陈杰的表现比以前差远了，不但不会夸奖陈杰，还会批评陈杰不好好工作。

总之，冷热水效应在实际运用中的作用是非常明显的。不过，有一点需要注意，就是不要弄错了“冷热水”的顺序。比如，在上述案例中，如果陈杰给销售部经理端来了一杯“热水”，即把销售目标定得比以往还高，可是最终却只卖出了13 辆汽车，那么销售部经理肯定会认为陈杰是一个言过其实的家伙，于是不再信任他。

除此之外，还要注意一点，那就是一个人只有保持心里的“秤砣”合情合理、前后一致，才能对自身和外在的事物做出正确的评价。

改宗效应
不做没有主见的“好好先生”

在现实生活中，有些人为了不得罪人，往往会违背自己的真实意愿，勉强附和别人。比如，有些人为了讨上司欢心，无论上司说什么，他都不敢反驳，只是一味地点头。这种做法看似聪明，却不一定能够取得预期效果。

相反，如果我们换一种做法，适时地担起“反对者”的角色，反而更容易引起别人的注意，极大地增强我们的人际吸引力。比如，当你发表某一言论，等待听众发表看法时，假如听众都说“非常好”，你可能并不会获得多大的成就感，反而会觉得他们都在敷衍你或拍你马屁；可是，假如有人激烈地反对你，而你又通过辩论说得他们心悦诚服，那么你一定会充满成就感，因为这种挑战和战胜挑战的喜悦对任何人来说都具有非凡的意义。与你关系最好的朋友，往往并不是什么事都顺从你的人，而是经常不留情面、一针见血地指出你的错误，甚至让你感到无地自容却又不得不信服的那些人。

由此可见，与那些一向都喜欢附和自己的人相比，人们更喜欢那些在自己的影响下改变观点的人。也就是说，当某一观点对某个人来说非常重要时，如果他能够用这个观点使一个“反对者”改变原有意见并与他的观点保持一致，那么他对这个“反对者”的欣赏和喜爱往往会超过那些自始至终都支持和赞同他的人。19世纪末期，美国社会心理学家哈罗德·西格尔做了一项名为“改宗的心理学效应”的研究，证实了这一现象的存在。于是，心理学家称这一现象为“改宗效应”。

改宗效应不但出现在我们日常的交际活动中，还体现在我们的感情生活中。比如，在家庭生活中，如果你的另一半总是对你言听计从，你可能会觉得生活了无生趣；可是，如果你们夫妻俩旗鼓相当，有时候还会为一些小事拌嘴，但又各有胜负时，你反而会觉得生活是丰富多彩的，除非你是大男子主义者或女权主义者。

为什么“好好先生”并不讨好，反倒是唱反调的人更受欢迎呢？难道改宗效应有悖于人之常情吗？其实并不是这样的，答案需要从心理学上寻找。一般来说，当“好好先生”往往不容易得罪人，因此许多虚伪之辈为了不让别人难堪，喜欢伪装成这样的人。他们总爱当面说一些漂亮话，喜欢保持中间立场，但是也正因为这样，才适得其反，给别人留下了没有主见、没有魄力、没有胆识、没有诚意、没有能力等坏印象。除此之外，他们也不能给对方带来那种在挑战胜利后所产生的成就感。因此，这种人虽然表面上不会得罪人，可是实际上也不会给别人留下多少好印象。即使他们说出一些赞美的话，也难以令人感到高兴。

相比之下，那些“反对者”可就不同了。他们敢于直言，敢于批评，能够给人留下坦率、真诚、有主见、有才能等好印象，他们的一些不同寻常的观点也容易感染别人，所以他们往往更受欢迎。比如前文中提到的朋友，虽然他们直言不讳地指出你的错误会让你感到无地自容，但是你并没有因此而真正地生他们的气，因为你知道他们心里其实并没有恶意，而是因为真正地关心你才不惜对你“恶言相向”的，只希望能够点醒你。

再者，当“反对者”与别人展开交流和争辩时，往往会加强对方胜出的决心，鼓励对方继续与他们争论，而一旦对方如愿以偿，对方就会觉得自己是有能力的，并且充满成就感。因此，即便“反对者”之前曾经令对方感到不悦，可是由于对方已经成功地“降服”了他，使自己的能力得以淋漓尽致地发挥和体现，内心充满了成功的喜悦，所以对方不但不会怪罪他，反而会对他充满好感。

改宗效应提醒我们，**不宜为了避免得罪人而盲目地认同别人，而应该适时地说出自己的真实想法，体现自己的本色，这样才更容易赢得别人的尊重和好感。**当然了，凡事也要具体问题具体分析，如果对方只喜欢听好话，或是场合不对，那还是三缄其口或做一个“好好先生”比较合适，以免自讨没趣。

链状效应
多和优秀的人交往你才能更优秀

古语有云：“近朱者赤，近墨者黑。”是指人在成长过程中会受到环境的影响，心理学上称这种现象为“链状效应”。

同样的蔬菜，如果在不同的汁水里泡上一段时间，那么它们的味道是不一样的，因为它们都会不可抗拒地受到汁水的浸染。人就跟蔬菜一样，也会受到链状效应的影响。生活在不同环境里的人，难免会受到环境的影响，时间一长，他们的性格、素养、思维方式等都出现了截然不同的差别。鲁迅先生就曾经说过：“农家的孩子早识犁，兵家的孩子舞刀枪，秀才的孩子弄文墨。”这句话显然不无道理。

环境对人的确具有巨大的影响，而且这种影响在人的幼年时期体现得最明显，可谓“染苍则苍，染黄则黄”。虽然古语也说“出淤泥而不染”，可是这句话只适合某些成年人，并不是针对所有人来说的，尤其不适合青少年。《颜氏家训》中就曾经说过：“人在年少神情未定，所与款狎，熏渍陶染，言笑举动，无心于学，潜移默化，自然似之。”大意是说一个人小时候在一定的环境中生活，耳濡目染，自然而然就形成了一定的品德习惯。为什么会这样呢？因为青少年的心智尚不健全，社会经验也不足，而且没有分辨是非的能力，对什么东西都充满了好奇，都想看一看、学一学，很容易受外界环境的影响。

正因为环境对人的影响很大，而且对青少年的影响尤其深刻，所以人们历来都非常重视自己周围的环境是什么样的，并提出了“居必择乡，游必就士”“亲君子，远小人”等主张。大家熟知的“孟母择邻”的故事，就是一个典型的例子。为了给儿子孟轲一个良好的成长环境，孟母竟然先后搬了三次家：先从“近墓”之所搬到“闹市”旁边，再从“闹市”旁边搬到学校附近，可见她有多么重视对孩子的成长环境的选择！

在犹太人的经典著作《塔木德》中，有这样一句名言：“和狼生活在一起，你只能学会嗥叫；和那些优秀的人接触，你就会受到良好的影响。”由此可见，成长环境的好坏，尤其是环境中的人的影响是十分重要的。

在北宋政治家、史学家、文学家司马光所编撰的《涑水记闻》中，记载了这样一则故事：“宋朝人张奎的母亲很重视跟她儿子来往的都是些什么样的人，每次张奎请朋友到家中做客，她都会站在窗外悄悄地听他们谈话，如果他们谈论的是学问，她就设宴款待来访者；如果他们只是谈笑，她就不会让来访者留下来吃饭。”由此可见，古人也相当重视选择朋友。

选择什么样的交往对象确实很重要。如果你选择了一些益友、诤友，那么即便你有什么不好的言行，你最终也会在这些朋友的潜移默化下逐渐变得高尚起来；可如果你经常跟一些言行卑劣的人在一起，那么用不了多久，你的言行就会变得跟他们相像。因此，古人在结交朋友时，往往非常注重“结交胜己者”，就是结交才德超过自己的人，以便在交往过程中受到对方良好品行的影响，以弥补自身的不足，让自己变得更加优秀。

即便你已经很优秀了，也同样可以多跟优秀的人交往，因为这么一来你们之间就能产生共生效应，进而取得很大的成就。在这一方面，保罗·艾伦和比尔·盖茨就做得很好。

保罗·艾伦年长比尔·盖茨两岁，他们于1968年在西雅图一家著名的私立学校湖滨中学相识。保罗·艾伦不但非常痴迷于计算机，而且学识丰富，令比尔·盖茨敬佩不已；而比尔·盖茨在计算机方面很有天赋，也令保罗·艾伦非常羡慕。

两个人惺惺相惜，后来不但成了好朋友，还一起中道辍学，携手创立了微软公司。保罗·艾伦喜欢钻研新技术和新理念，比尔·盖茨则以商业为主，一个人包揽了技术负责人、律师、业务员及总裁等职务，两个人最终一起在计算机界掀起了一场至今还没有停息的软件革命。

有人说，如果没有比尔·盖茨，也许就不会有现在的微软公司，可如果没有保罗·艾伦，也许比尔·盖茨根本就不可能取得今天的巨大成就。就像比尔·盖茨自己说的那样：“有的时候，决定你一生命运的在于你结交了什么样的朋友。”也就是说，你的未来是什么样的，取决于你跟什么样的人交往。

再比如，企业的技术创新和新产品的研发，也需要优秀人才之间相互影响，以便产生共生效应。在一个研究所或研究小组中，各成员之间的知识结构、技术专长、思维方式等往往各有所长，如果大家能够相互学习、相互探讨，往往可以使各种思维和想法互相补充，这样不但能够取得一定的研究成果，还能逐步提高大家的创新能力和合作意识。许多企业的新产品、新技术、新理念等新成果，都是在集思广益的过程中获得的。

既然好环境和一定环境中的交往对象如此重要，那么我们应该怎么做才能为自己创造良好的环境，以便链状效应发挥积极的作用呢?

首先，多结交益友、挚友、诤友，不要结交损友、佞友、酒肉朋友。如果周围的人都勤奋进取、有君子风范，那么我们作为其中的一分子，多少都会受到影响，变得奋发向上、彬彬有礼起来，这对我们形成正确的人生观、价值观和世界观无疑是有利的。反之，如果我们身边的人都不思进取、言行卑劣，那么我们的成长也会受到阻碍。所以，请你跟优秀的人在一起，努力成为他们之中的一员，因为从他们自身的经历和他们身边的良好氛围中，你既能学到成功的经验，也能吸取失败的教训，逐渐成长起来，最终变得像他们一样优秀。

其次，从自己做起，避免轻易受到别人的影响。一个人能否成才，既取决于他本人有没有天赋，也受环境和教育的影响，还要看他自身的努力。一个人的力量毕竟有限，往往难以改变环境。在这种情况下，我们不妨做到心无杂念，并时刻保持上进心，避免受到他人的坏影响。一个人只要内心变强大了，他就不会轻易被别人的议论左右，链状效应自然也就难以在他身上发挥它的消极作用了。

对于容易受环境影响的青少年，家长和教师要留意孩子的德行教育，并以身作则，树立一个好榜样，为孩子提供一个良好的学习环境，同时还应该注意孩子的交友情况，引导孩子正确交友等，以防孩子受到链状效应的负面影响。

黑暗效应
黑暗的环境让彼此更亲近

心理学研究发现，男女约会时，如果选择光线比较暗的场所，往往更容易沟通，彼此之间产生亲近感的可能性也远远高于光线比较亮的地方。像这样一种现象，心理学家称之为“黑暗效应”。

按照常理来说，人们应该害怕黑暗才对，因为黑暗会使人的视觉器官失去作用，让人看不清周围的一切，内心感到不安和恐惧，进而产生戒备心理。可是，黑暗效应却好像违背了这一常理，这到底是怎么一回事呢？事实上，黑暗效应并没有违背这一常理，它的存在是有前提的，那就是在熟悉且安全的场景和认识的人在一起，就排除了令人感到恐惧这一点。黑暗效应普遍用于男女之间的约会。

不过，为什么光线越暗，约会的双方反而越容易沟通呢？社会心理学家通过研究发现，在光线明亮的场所，人们往往都能够根据外界条件等因素决定自己应该对别人说多少心里话。尤其是在面对那些既不太熟悉可又想继续与之交往的人时，人们往往心怀戒备，不由自主地展示出自己好的一面，并注意隐藏自己的弱点和缺点。一旦出现这种情况，双方要想进行有效的沟通就比较困难了。可是，如果在光线昏暗的场所，情况就不同了。在光线昏暗的地方，人的一些感官会失效，这不但会使人变得脆弱又无助，还能强化人的寻求安全的本能，使人对同伴生出一种很强的依赖感。所以，**越是在光线昏暗的地方，人就越容易卸下伪装、放松戒备、减少猜疑，越能生出一种安全感，也越能自然而然地流露出真情。**这么一来，双方的沟通自然就变得容易多了。

黑暗效应在生活中普遍可见。比如，在酒吧、电影院、练歌房等光线昏暗的场所，人们往往会情不自禁地对异性产生异样的好感，这可以说是黑暗效应最典型的体现。

英国有一位著名的作家，曾经讲述了他的第一次恋爱经过。当时他还在大学读书，一个偶然的机会认识了同校的一个女孩儿。这个女孩儿很会弹钢琴，而且长得非常美丽，浑身散发出高雅的气质。作家对她一见倾心，就给她写了一封信，大胆地吐露了自己对她的爱慕之情，并请她第二天中午到学校外面的一家餐馆吃饭。

第二天，晴空万里，作家早早地来到约会地点，风度翩翩地坐在那儿等着。女孩儿准时赴约，作家非常开心，连忙请女孩儿入座。双方坐定之后，两个人互相看了看，把对方的表情尽收眼底，甚至能够通过眼神看透对方的心理，好像对方是透明人一样。这种气氛尴尬极了，令人感到很不自在。结果可想而知，两个人都觉得非常尴尬，一时不知道应该说什么才好，只好保持沉默，甚至连饭都没有吃好，最后只好带着遗憾相互道别了。

回到家里，作家感到非常纳闷，就把约会过程回忆了一遍，最终意识到问题有可能出在光线太强这一点上，于是他又重新给女孩儿写了一封信，为自己上次表现不佳向她道歉，然后郑重地邀请她周六晚上去看一场最新上映的电影。女孩儿同意了。

到了周六那天晚上，作家和女孩儿一起向电影院走去，两个人边走边闲聊，越聊越投机，不由得向对方靠近，等到两个人并肩坐在黑暗的放映厅里之后，作家自然地握住女孩儿的手，女孩儿没有拒绝。从电影院出来之后，两个人又一起吃了夜宵。没过多久，两个人就确立了恋爱关系。

由此可见，男女约会时对场所的选择是非常重要的，约会场所光线明暗不同，产生的效果也不同。所以，恋爱中的情侣要懂得运用好黑暗效应，选择一些环境幽雅、光线既暗淡又柔和的地方约会，双方置身于一种温馨、浪漫的氛围中，增加了彼此的亲密感，拉近了双方的距离。

黑暗效应除了适用于男女约会场合之外，还被应用到了商务人际交往上。在跟客户打交道时，尤其要注意运用这一技巧。有些人在和客户交流时喜欢打官腔，这让客户产生了距离感，难以深入沟通，再加上商务交往通常都是在白天光线强烈的场所，使客户觉得自己太显眼了，因此不得不把自己伪装起来。

在这种情况下,黑暗效应的重点在于营造一个让客户感到舒适、自在的环境，从而让客户能够真诚地与你交流。比如，说话时不打官腔，先解除客户对我们的排斥和戒备心理，再选择一些光线相对昏暗的场所与客户交谈，使客户逐渐放松下来，再步入主题。这种做法能够营造出一种融洽的气氛，往往能够取得很好的沟通效果。

光环效应
去掉美颜滤镜再看人

相信许多人都有这样的体会：在被一个人的某个突出特点吸引时，往往容易忽视这个人的缺点，只关注这个人的优点。换言之，就是人们对他人的认知判断主要是根据个人的好恶得出的。具体来说，就是在对一个人产生了好印象时，人们总是习惯性地从正面解释此人的行为，并认为此人的一切都是好的。这样一种心理现象，就像出现刮风天气之前月亮周围经常出现的月晕，这些月晕一圈圈逐渐向外扩散，看上去就像明亮的光环一样，以至于其他星斗都被它们映衬得暗淡无光。因此，这种心理现象被心理学家称为“光环效应”，又叫“晕轮效应”“成见效应”“以点概面效应”等。

光环效应是一种以偏概全的认知错误，最早是由美国一位心理学家于20世纪20年代提出的。为了证实光环效应的存在，美国一些心理学家做了一个实验。他们找来一些受试者，然后拿出一些照片给这些受试者看。照片上的那些人，都是受试者不认识的人，其中有一些非常有魅力，有一些看起来多少有点儿魅力，还有一些看上去非常普通。心理学家要求受试者从职业、个人能力、婚姻等与魅力没有多大关系的方面去评价这些人，结果发现那些看上去非常有魅力的人在各个方面的得分都是最高的，而那些看起来非常普通的人的得分则是最低的。

光环效应普遍存在于现实生活之中，对人们具有广泛的影响，就连俄国著名的大文豪普希金也不可避免地受到了它的影响。

1828 年，年轻有为的普希金在一次舞会上邂逅了年仅 16 岁的少女娜塔丽娅·尼古拉耶夫娜·冈察洛娃。娜塔丽娅是莫斯科贵族冈察洛夫的女儿，不但具有“莫斯科第一美人”的美誉，而且家教良好，具有社交圈必不可少的见识、口才和气质。其中最值得一提的，就是她那惊人的美貌，这是改变她既定命运的根源。那是她第一次在上层社会的舞会上公开露面，她那姣好的面容、婀娜的体态和高雅的气质把舞会上的其他佳丽全都比了下去，使得男士们个个为她倾倒。年轻的诗人普希金也没能例外，他深深地被她的美貌吸引住了，觉得她就像仙子一样迷人。他觉得，像这样一个既美丽又高雅的女人，一定也具有非凡的智慧和高贵的品格，因此他对她一见钟情，疯狂地爱上了她。于是，在还没有对她深入了解的情况下，普希金就郑重地请朋友做媒，希望能够抱得美人归。由于普希金当时已经举国闻名，备受人们关注，因此他最终如愿以偿地把娜塔丽娅娶进了家门。

在外界看来，这对小夫妻可谓郎才女貌，可是他们的婚姻生活却并不美满，因为他们并没有共同的爱好。普希金喜欢文学，可是娜塔丽娅却喜欢社交，对文学丝毫不感兴趣，所以自然也就不可能跟丈夫共享其中的乐趣。有一回，普希金灵感涌现，写了一首好诗，于是手舞足蹈地跑到妻子面前，要念给她听，谁知她却不耐烦地抱怨说："又是你的诗！我不想听，不想听！快把它拿走！"不但如此，她还要求普希金陪她玩乐。为了满足她的要求，普希金不得不丢下自己的创作。于是，夫妻二人开始频繁出入上层社会的聚会场所。很快，她的绝世美貌就引来了不少人的倾慕。就连贪恋女色的沙皇尼古拉一世，也特别倾心于这位绝世美女，每次举行宫廷晚宴时都坚持要跟她坐在一起。从此以后，娜塔丽娅就开始周旋于权贵们的珠光宝气和迎来送往之中,通常玩乐到第二天早上四五点钟才回家。等白天休息够了，晚上再接着参加聚会。普希金本人并不喜欢跳舞，却不得不一次又一次陪妻子参加聚会。再加上生物钟被打乱，所以普希金在参加聚会时经常心不在焉。

时间一长，两个人的关系越来越疏远，在一起时经常无话可说。除此之外，由于普希金长期没有创作，再加上两个人又长期享乐，坐吃山空，因此家里的经济也越来越拮据。这种局面不但给普希金造成了一定的压力，也让他觉得既空虚又寂寞。为了排遣内心的消极情绪，他经常跑出去跟别人畅谈心事，还迷恋上了其他的女人。对娜塔丽娅来说，这种名存实亡的婚姻自然也是枯燥乏味的，无异于一种折磨。不过，即便如此，两个人的婚姻也还勉强能够维持下去，直到一个名叫乔治·查理·丹特斯的年轻人开始对娜塔丽娅展开疯狂的追求，这种局面才被打破。丹特斯是法国贵族，他在波旁王朝被推翻后逃到了俄国，因为风流倜傥、能说会道、善于周旋和伪装而深受圣彼得堡贵族女子的青睐，是个不折不扣的色棍。不但如此，他还颇受沙皇尼古拉一世的宠爱，因此他才胆敢肆无忌惮地公开追求娜塔丽娅。由于丹特斯深谙女人的心思，因此他很快就俘获了娜塔丽娅的心，两个人开始幽会。

普希金得知此事以后，自然无法忍受，就提出要跟丹特斯决斗，结果被卑鄙的丹特斯以卑劣的手段算计，中枪倒地，呻吟了一天一夜之后离开了人世，一颗文学巨星就此过早地陨落。

在爱情和偶像崇拜中，光环效应的这种作用体现得无疑是最为明显的，普希金的故事就是一个典型的例证。如果普希金当时没有以貌取人，也许他的结局就不是这样的了。可是，普希金却犯下了许多男人都会犯的错误，在喜欢上了娜塔丽娅的美貌之后就觉得她身上全是优点，没有一点缺点。由此可见，“以貌取人”是多么不理智啊。

在日常生活中，我们也能见到许多类似的例子。比如，有许多人不但像普希金一样以貌取人，还经常以服饰、第一印象或刻板印象武断地判定一个人的性格、品德、才能和社会地位。下面这则故事就足以证明这一点。

有一位先生初次到美国去，这天早上，他去公园散步，看到一些白人正悠闲地坐在草坪上聊天，就想："这些美国人不但有钱，而且懂得享受生活，真让人羡慕！"随后就走开了。过了一会儿，这位先生走到了另一块草坪旁边，看到一群黑人也悠闲地坐在草坪上聊天，就想："唉！黑人的失业问题还真是严重啊，这些人大概都得靠救济金过活吧！"

同样是坐在草坪上闲聊，可是这位先生却根据当事者肤色的不同产生了两个迥然不同的想法，由此可见光环效应对人们的影响之大。

光环效应的最大弊端，就在于以偏概全，它的不足主要表现在三个方面。一是片面性。虽然人们明知道事物的个别特征并不一定能反映出事物的本质，可是人们仍然习惯于由部分推及整体,随便抓住一个人的某个特征就断言这个人是好还是坏，从而犯下片面性的错误。就拿学习来说吧，那些成绩好的学生往往会被大人们认为是有前途的孩子，而那些成绩差的同学却往往会遭到排斥和歧视。可事实证明，许多成绩好的学生长大后都表现平平，而那些成绩差的学生长大后在事业上取得成就的却不乏其人。二是表面性。光环效应往往产生于一个人对某个人还不是很了解的时候。在这种情况下，人们容易受到知觉的表面性、局部性和选择性的影响，仅仅专注于这个人的一些外在特征，并简单地把这些外在特征跟这个人的内在品质联系起来。像这样得出来的整体印象，必然是表面的。事实证明，相貌堂堂的人未必就是正人君子，还有可能是伪君子；看上去笑容满面的人未必就面和心善，还有可能笑里藏刀。三是弥散性。一个人对某个人的整体态度，还会连带影响到跟这个人的具体特征有关的事物上，成语“爱屋及乌”就是弥散性的一个具体体现。

由此可见，光环效应阻碍了人们正确地认识身边的人、事、物。所以，在人际交往中，我们要注意告诫自己不要被光环效应左右，以免犯下以偏概全的错误。

职场管理：只有合作，才能激发人的内在潜能

knowing your instinct

增减效应
“小步慢跑”更容易融入新环境

在人际交往中，几乎每个人都希望自己越来越讨人喜欢，而不希望别人对自己的喜欢不断减少。换句话说，人们喜欢那些对自己的喜爱、奖励和赞扬不断增加的人或物，并会因此而变得积极起来，却不喜欢那些看上去对自己的喜爱不断减少的人或物，甚至会因此而变得消极。像这样一种心理现象，心理学家称之为“增减效应”。由于这一效应是由美国著名的社会心理学家艾略特·阿伦森通过实验证实的，因此人们又称之为“阿伦森效应”。

阿伦森选取了80名大学生作为测试者，然后将他们分成4组，请他们分别对受试者给予不同的评价，然后观察受试者对哪一组测试者最具好感。实验开始之后，第一组测试者对每一位受试者都一直说褒扬的话；第二组测试者则始终对受试者持贬损、否定的态度；第三组测试者先褒扬受试者，后贬损、否定受试者；第四组测试者先贬损、否定受试者，后褒扬受试者。等到实验结束，工作人员请数十名受试者评价4个测试组，发现绝大部分受试者最反感的都是先褒后贬组，而不是人们预料中的贬损否定组；最喜欢的也不是人们预料中的褒扬组，而是先贬后褒组。

为什么会出现这种结果呢？其实主要是挫折感在作怪。如果只是一次小的挫折，那么一般人都能比较平静地承受住。可是，如果先受到了加倍的褒奖，继而只得到了小的赞赏，最终不再被赞扬，那么许多人就无法接受了，因为这种从被褒奖到被贬低的赞扬递减不但会导致人们产生一定的挫折心理，还会使这种挫折感逐步增大，从而引起人们的不悦甚至反感。相反，如果一个人先受到批评和否定，那么他首先想到的就是自己的不足和问题的严重性，这时再给予他足够的肯定和鼓励，不但能够消除他的挫折感，还能让他看到希望，并使他充满感恩之心。至于总是褒扬和先褒后贬，都显得有些虚伪，所以很少有人会当真，自然也不会太在意。

在日常生活中，普遍可以感受到增减效应。就拿去市场买菜来说吧，有的摊主会一下子往秤盘里放进与顾客要求的分量相当的菜，如果多了，再一点一点地往外拿，这种举动虽然是为了符合顾客的要求才做出来的，可还是让顾客感到心里很不是滋味，好像秤盘里的那些菜原本是属于顾客的可现在却被摊主无情地拿走了似的；可是，如果摊主先往秤盘里放上一些菜，再一点一点地往里添加，尤其是分量够了时又加上了一点儿，那么顾客就会觉得自己好像占了便宜，顿时心情大好。这两种做法无疑都符合顾客的既定要求，可是给顾客的感受却不一样，只因为摊主往秤盘里放菜的方式不同。相信这样一种生活体验，许多人有过亲身经历。

增减效应提醒我们，在日常工作与生活中，应该尽力避免这种“先增后减”的行为，以免因此而使他人对自己的好印象向坏的方向逆转。

大学毕业之后，秦小菲幸运地被某事业单位聘用。刚刚跨出校门的她，对未来充满了希望，上班第一天就决定好好表现，希望能够给领导和同事留下一个好印象。于是，她每天都提前到单位，不但热情地帮同事做这做那，还积极地请领导分配工作给她。没过多久，这个既活泼又勤快的姑娘就赢得了大家的好感。

两个月后，老家打来电话，说她母亲生病住院了，还缺一大笔手术费。秦小菲既牵挂母亲，又担心母亲的健康，还要为手术费着急，可是由于她入职没多久，根本没有积蓄，也不方便请假，所以她的情绪一时非常低落，不但不再像以前那样积极、热情，而且工作时还频频出错。在被领导批评了几次之后，秦小菲的心情就更加沮丧了，做什么事都提不起精神。渐渐地，同事们对她的印象也变坏了。有个曾经对她赞不绝口的老员工，甚至当着大家的面对着她直摇头：“现在的年轻人啊，真让人看不懂！”

秦小菲听了这句话，一阵失落感再次涌上心头：“我这么个手无缚鸡之力的姑娘家独自在外漂泊，要适应激烈的竞争已经够不容易了，没想到连好不容易建立起来的人际关系也是瞬息万变的，根本经不起一点儿波折……”想到这里，秦小菲不禁颓丧到了极点，连上班的心思都没有了。

刚刚踏上工作岗位的年轻人，为了得到领导的认可和同事的接纳，往往会“新官上任三把火”，积极地表现自己，这一点原本也无可厚非，但如果这些积极表现，超出了自己真实的能力基准太多，或者与自己为人处世的一贯态度、行为模式相差甚远，那么就很难长久地支撑下去，最终给别人留下“弄虚作假”“不诚实”等坏印象。上例中的秦小菲会产生那么大的心理落差，也是因为先受到褒扬后被贬损造成的。

所以，对那些刚刚参加工作的人来说，急于表现自己的心理是需要警惕的，否则很容易给人留下“凡事只有三分钟热度”、不稳重的坏印象。比较适合他们的方法是“小步慢跑”，一点一点地展示自己的才华，这样才能逐渐融入同事之中并赢得领导的认可。就算得不到别人的接纳和认可，也不能只想到自己的缺点和短板，还要清醒地认识到自己的优点和优势，并且不断激励自己，这样才能消除消极的心态，积极地面对工作和生活。

增减效应不但可以应用在工作和生活上，还可以用在教育上。

很多父母在教育孩子时都不注意方法，经常是想到什么就说什么，根本没有顾及孩子的感受，也不关心自己的教育方法可能带来的不良后果。要知道，就连成年人都喜欢听好话，更何况是孩子呢？所以，家长不宜用成人的标准来衡量孩子的那些天真、幼稚的行为，而应该从中找到孩子身上的闪光点，并发自内心地赞美他们。当孩子的年龄逐渐增长时，对孩子的鼓励和赞美也应该随之增长，至少应该比批评多。这样一来，孩子才会把家长当成自己成长道路上的良师益友，才能进步得越来越快。如果父母只是一味地责备甚至狠狠地训斥孩子，必然会伤害孩子的自尊心和自信心，甚至损毁孩子对父母的信任和爱。所以家长在教育孩子时，要注意运用鞭策与鼓励相结合的策略，才能更好地调动孩子的积极性。

身为教师，应该摒弃说教或注入式的教育方法，采用一些能够增加学生愉悦度的教育方法。比如，不妨一点一点地罗列出学生的优点，增加学生的自信。如果学生犯了错，不妨先从中挑出一两个问题，让学生意识到自己的错误，再说一说学生的优点，使学生既不至于灰心丧气又能及时改正错误。

踢猫效应
坏情绪会像瘟疫一样传染给所有人

一个人的不良情绪如果得不到控制，就会向四周传播，使周围的人也产生这种不良情绪，这种现象就是心理学上所说的“踢猫效应”。

踢猫效应是人与人之间因为泄愤而产生的一种连锁反应，来源于一个生活场景。

某公司的总经理想整顿一下公司的纪律，就向下属许诺说他将早到晚归。这天早上，他像往常一样早早地起了床，准备去上班，可是临出门时却跟妻子吵了一架，耽误了一些时间，为了不违背自己的诺言，他超速驾驶，但是依然迟到了，还收到了交警开的罚单，这使他愤怒不已。经过这一连串的折腾，这位总经理总算赶到了办公室，可是一直憋在他心里的那把怒火却始终没有发泄出来。

就在这时，销售经理走了进来，向总经理汇报工作。于是总经理就没好气地问：“上次那笔业务还没拿到手？你连这种小事都做不好，还能干什么？”销售经理一大早就被批评了一顿，心里不禁也生起一股无名之火，随后就垂头丧气地走出了总经理办公室。

销售经理刚刚回到自己的办公室，一位销售主管就走了进来，说有一项工作需要向他请示，他不禁气急败坏地冲着销售主管嚷了起来："你就不能等一会儿再进来？你没看见我才刚刚坐下来吗？"销售主管无缘无故地被抢白，自然也是一肚子气，只是一时没有地方发泄而已，只好怏怏地走出了销售经理办公室。

一回到自己的工位上，销售主管就把一个业务员训斥了一顿，说他不但业务能力不强，而且没有眼力见。这个业务员正因为工作而烦恼，现在又挨了批评，也不禁生了一肚子气，就忧愤交加地向门外走去，以免自己因为一时冲动而顶撞上司。

他刚来到走廊上，就打了一个趔趄，这时他再也忍不住了，就没好气地对正在打扫卫生的保洁员说："这地又湿又滑，要是把人摔伤了怎么办？以后要把拖把拧干一点儿再拖地！"保洁员整天工作累不说，现在又被一个毛头小子斥责了一番，心里当然也不舒服。

好不容易下了班，保洁员赶紧往家里赶，可谁知一回到家就看到儿子正在玩游戏，于是她也忍不住发起火来，把儿子狠狠地训斥了一顿，然后让他赶紧去学习。

儿子被妈妈训斥之后，心想："妈妈刚到家就莫名其妙地冲我发这么大的火，真是太过分了！"想到这里，就气愤地朝趴在地上的一只猫踢了一脚。

一个总经理为了发泄自己的不满而对下属发火的行为，就这样产生了连锁反应，使得这种不良情绪沿着一定的等级和强弱组成的社会关系的链条依次传递下去，一直扩散到最底层那个无处发泄自己不良情绪的猫身上为止。

现实生活确实如此。人的情绪难免会受到环境以及一些偶然因素的影响。当一个人产生了不良情绪时，他的潜意识会驱使他选择那些无力或无法反击的弱者为泄愤对象。这么一来，就会产生“踢猫效应”。生活中的每个人，都可能是“踢猫效应”这根长长的链条上的一个环节，都有将自己的不良情绪转移到地位比自己低的人身上的倾向。不良情绪就这样沿着等级传递下去，最终会形成一条清晰的不良情绪传递链，最终的不良情绪承受者自然是“猫”这个最弱小的群体了。“猫”不但是最弱小的群体，也是受气最多的群体，因为任何一条不良情绪传递链都会传递到它身上。

在生活节奏逐步加快的今天，人们既享受着现代生活带来的便利，也面临着很大的压力，因此神经经常处于紧绷状态，心理承受能力也几乎达到了极限。哪怕只是一点点的不如意，也有可能让人们的情绪一落千丈，甚至使人们失控。在这种“高压”环境下，不良情绪难免会像瘟疫一样在人群中蔓延，任何人都难以幸免。如果稍不留意，就会殃及自己的家人，使他们成为那只无辜受害的“猫”。如果情绪发泄不当，言行过激的话，还有可能带来更加恶劣的后果。

美国心理学家就曾提出过：一个人所遭受的挫折会引发愤怒，而当愤怒累积到了一定程度，他就有可能在遇到不如意的事情上诉诸暴力。

这一点很好理解，就拿考试来说吧，考试失败这件事本身并不一定会导致当事人去侵犯别人，可是会让当事人变得愤怒，这时一旦遇到什么刺激，当事人就会产生侵犯他人的倾向。如果身边刚好有武器，当事人的愤怒可能就转化为暴力行为。所以愤怒的情绪，是让人做出过激行为的元凶。如果我们能很好地处理这种不良恶劣的情绪，不仅不会做出过激行为，甚至会带来出人意料的好结果。

在19世纪七八十年代，美国有一个年轻人，他在一家汽车公司做机械师学徒工。当时他的薪水很少，连支付生活费都不够，可是每次从一家高级餐厅门口经过时，他都想进去尝一尝里面的饭菜。

这一天，这个年轻人终于忍不住了，拿着刚发的薪水就走进了这家餐厅，在一个靠窗的座位上坐了下来，准备实现自己的夙愿。可是，他足足等了10分钟，也没有一个人过来招待他。最后，一个服务员不情愿地走到他跟前，冷冷地递了一份菜单给他。他什么也没说，默默地打开了菜单。他刚刚翻到菜单的第一页，服务员就不屑一顾地说：“你只需要看这些菜品就行了，其他的不必看了！”年轻人错愕地抬起头来，看到了服务员那满脸轻蔑的表情，不禁感到非常气愤，可是随后就极力控制住了自己的愤怒，点了一个汉堡。他想，他自己本来就没钱，就算人家服务员不用白眼看他，他也吃不起那么贵的大餐，所以还是先改变自己要紧。

从此以后，这个年轻人就立志要成为一个上层人物。通过自己的不懈努力，他逐渐由一个学徒工成长为一名总工程师，之后又研制出一辆以他的名字命名的新型汽车，还成立了自己的汽车公司，他就是著名的汽车大王亨利·福特。

每一个不幸事件的背后都隐藏着一颗能够结出硕果的种子。当我们能把每一次不如意的遭遇都当成一颗好种子，就能激励自己不断前进，最终摘取成功的硕果。

可是，现实生活中有许多人却意识不到这一点，总是在不知不觉中传递着不良情绪。不良情绪不但对他人有害，而且不利于自己的身心健康。比如，相关研究表明，人在愤怒时会心跳加速、血压升高、呼吸急促、食欲减退，如果经常发怒，容易引发高血压、冠心病、消化不良等疾病，因此人们才说“怒伤肝”“气大伤身”。总而言之，不良情绪既损人又不利己，所以我们应该懂得控制它。

那么，我们应该怎么做才能让自己少发脾气呢？1. 当我们处于情绪失控的边缘时，可以做几次深呼吸，让冲动的身体逐渐冷静下来，然后在头脑中多引导自己看到事情的不同方面。2. 尽量远离使自己发怒的环境，避免受到进一步的刺激。

3. 向亲朋好友倾诉自己心中的不平，以缓解愤怒。4. 向使自己愤怒的人客观地说出自己的不满和意见，使矛盾当场得到调解。5. 如果自己确实有错，要虚心接受批评和指责，并敢于承认和改正错误，吸取经验教训，以免将来走更多的弯路。

如果身为领导者，则应该有领导者应有的风度，既要保持威严，又要与人为善、宽以待人，而不能一遇到挫折或不顺心的事就迁怒于下属，否则就会成为不良情绪的传播源，使得周围的环境恶化，最终难以取得真正的成功。

有一位哲人曾经说过：**“如果内心改变了，你的态度就会跟着改变；态度改变了，你的习惯也会跟着改变；习惯改变了，你的性格也一样会跟着改变；而如果性格改变了，那么你的人生也终将发生改变。”**

其实，不光是不良情绪可以传染，好心情也一样。既然如此，那我们为什么不让自己的好心情也随着那根情绪传递链条传播开来呢？

权威效应
权威有时并不可靠，不要盲目相信权威

“权威效应”又叫“权威暗示效应”，是指那些有威信或地位高的人所说的话及所做的事，往往更容易引起人们的重视，并赢得人们的认同；而那些地位低的人所提出的同样的意见或做出的同样的事情，却多数会被人们拒绝和否定。换句话说，就是“人贵言重，人微言轻”。它表明了人们对权威人士的信任要远远超过对平常人的信任。

这种效应不但普遍存在于现代社会之中，而且早在古代就已经广泛地影响人们的生活了。可以说，在人类社会，只要有权威存在，就会有权威效应的存在，这一点从下面的这个例子中就可以看出来。

古代有一个人要卖马，于是牵着马来到集市上，可是接连三天过去了，他的马始终都没有卖出去。这个人灵机一动，找到了相马的专家——伯乐，对他说：“我要卖一匹马，可是一连三天都没有卖出去，请您务必帮我一把。您只需要围着我的马转几圈，然后走开，再回头看几眼就可以了，我一定重金酬谢您。”伯乐同意并照做了，结果他刚一离开集市，那个人喊出的马价就立刻暴涨，可是他的马依然很快就被人买走了。

这一“人贵言重，人微言轻”的权威效应，是由一位美国心理学家提出来的。这位心理学家为了证实这一效应的存在，曾经做了一个实验。他请来飞机场的驾驶员、领航员、安全保卫人员等空勤人员，请他们就某个飞行问题提出自己的解决方法，并把这些方法都记录下来，再看看人们最赞同谁的办法，结果发现：当领航员说出正确的解决方法时，群体中有 100% 的人会赞同他的办法，因为他是飞行方面的专家；而当安全保卫人员说出正确的解决方法时，群体中却只有 40% 的人表示赞同他的办法，因为他只是一个安保人员。这一结果进一步证实了权威效应的存在。

在现实社会中，普遍可以见到权威效应的存在。比如，在为某产品做广告时，商家所请的产品代言人往往都是权威人士；在演讲或辩论中，辩论双方都喜欢引用权威人士的话来证明自己的论点，希望达到改变对方态度的目的；在许多企事业单位以及商场、酒店、学校等场所，也总能见到权威人士或名人雅士的题字；在有些药品或保健品的宣传资料上，还能见到公司董事长或总裁与某些权威人士的合影……这一切都是因为有权威效应在其中起作用。

为什么会产生权威效应呢？主要有以下三个原因：

其一，人们总觉得权威人士学识渊博、经验丰富、资历深厚，是一个非常富有智慧的超人，所以非常信任、崇拜他们，把他们当成了真理的化身，并认为服从他们的意见能够增加不出错的“保险系数”。而那些地位低微的人所受的待遇则相反，由于他们地位低下，人们往往会低估他们的能力，即便他们提出的意见、办法等都是正确的，或者他们的观点与地位高的人一样，人们也会怀疑他们所说的是否正确，甚至瞧不起他们，更不用说是认同和实施他们的观点了。

其二，人们总觉得权威人士的要求符合社会规范，只有按照权威人士的要求去做，才能获得社会的认可和奖励。人们甚至对权威人士有一种惧怕心理，毕竟大部分人在权威面前是不自信的，害怕被权威人士否定和斥责。而那些地位低下的人因为没有太大的社会号召力和影响力，自然就出现了“人微言轻”的现象。

其三，居高位者与地位低下者所持有的信息的质量不同。居高位者处于社会的顶层，不但拥有整个社会的信息总量，而且拥有一个智囊团，能够通过对所有信息的分析和过滤得出其中最有价值的信息，所以他们说的话自然有分量，再加上他们地位高，所以被关注的程度也很高，很容易被那些善于奉承的人所认同。而那些处于社会底层的人则相反，他们得到的信息非常有限，而且他们把主要精力都花在了工作上，所以他们的话往往难以引起人们的重视，自然也就不可能给别人带来多大的影响。即便那些地位低下者提出了独到而又新颖的见解，情况也依然如此。

受权威效应的影响，人们往往容易轻信权威。虽然事事服从权威能够给人们带来一定的利益，但难免也会让人们迷失方向。因为权威人士也有他的弱点，也有判断失误的时候，如果事事都遵从他们的观点，必定会阻碍自身的发展。除此之外，那些利用权威人士的名望来压制人的做法更是要不得，无疑有“拉大旗，做虎皮”之嫌。因此，我们既要善于利用权威，又不能盲目相信权威。只有这样，才能避免受到权威效应的负面影响。

具体来说，可以采取以下两种应对权威效应的负面影响的措施。一是凡事三思而后行，不盲目地走别人走过的路。人们只有不满足于现状，并善于思考，才能有新的发现。二是相信自己，并勇于探索。人们只有相信自己，才能拥有战胜一切困难的勇气，才能避免陷入焦虑和绝望的泥淖，迅速恢复干劲和斗志，坚持不懈地实现自己的目标。

海格力斯效应
“冤冤相报”只能是两败俱伤

在日常生活中，我们经常可以看到这样一种现象：两个人因为误解或嫉妒而产生矛盾，这时如果第一个人报复了第二个人，就会加深第二个人对第一个人的仇恨，甚至导致第二个人想方设法地去加害第一个人，假如第一个人始终都不肯示弱，那么第二个人的报复手段会更加恶毒。也就是说，当双方出现矛盾时，其中一个人心里的敌意越深，另一个人对他的报复也越狠毒，以至于最终出现两败俱伤的局面。简而言之，就是“以牙还牙，以眼还眼”“你跟我过不去，我也不会让你痛快”这样一种在人际间或群体间存在的冤冤相报以至于双方的仇恨越来越深的现象，心理学家称之为“海格力斯效应”。

海格力斯效应得名于一个希腊神话故事。

在希腊神话中，有一位名叫海格力斯的大力士，他是宙斯之子，英勇无畏，不但完成了12项“不可能完成”的伟绩，还解救了因为替人类盗取天火而被缚的普罗米修斯——希腊神话中最伟大的英雄，也是力量、勇气和智慧的化身。

这一天，海格力斯走在一条坎坷不平的路上，看见路边有一个像袋子的东西，他觉得有些碍事，就抬起一只脚踩了那个东西一下。可是，那个东西非但没有被踩破，反而越变越大。海格力斯见状，感到非常生气，就随手操起一根大木棒，狠狠地向那个东西砸去。那个东西变得更大了，而且迅速膨胀起来，把路都堵死了。海格力斯根本没想到这个袋子竟然会因为他的打击而膨胀起来，这分明是在报复他嘛！想到这里，海格力斯顿时傻了眼，不知道该如何是好。就在海格力斯一筹莫展之时，一位圣人出现在他眼前，对他说："朋友，这个东西叫仇恨袋，如果你对它心怀仇恨，它就会通过膨胀来表示仇恨与你对抗到底；可是，如果你不去招惹它，它就会像当初一样小。"

我们在生活中经常会遇到海格力斯这样的处境：仇恨开始时还很小，这时如果你忽略它，它往往很容易就会消失，双方的矛盾也可以轻易化解；可是，如果你执意跟它过不去，它就会加倍地报复你，让双方的矛盾和误会变得越来越深。所以，我们应该学会宽容、懂得忍耐，这样才能避免受到海格力斯效应的影响。

人生在世，难免会发生矛盾、误解和伤害，因此而产生不良情绪也是常有的事，但是如果就此陷入没有休止的仇恨之中，并伺机报复，那就得不偿失了。因为背负着"仇恨袋"行走，就像负重登山，只会举步维艰，甚至让自己寸步难行。无论是复仇者，还是被报复的人，都不会是最后的赢家，结果只会两败俱伤。可是，假如我们忘记仇恨，懂得忍耐，学会宽容，那我们不但不会陷入那些没有休止的烦恼之中，还能给对方留下胸怀宽广的好印象，进而赢得对方的认可和信任。

对许多上班族来说，职场是日常活动的主要场所，所以他们在职场中与他人（尤其是同事和领导）发生矛盾和冲突的可能性也相对较高。在这种情况下，就更应该注意避免海格力斯效应的出现了。在工作中，没有哪个员工能够保证自己永远不被领导批评。如果被领导批评了，员工一定要冷静，不要在当时就着急辩解，把领导的批评怼回去，那样只会引起领导更多的不满，双方的分歧就会越来越大。这时可以先问问领导具体原因，问得越仔细越好。这样，一来可以很好地了解领导的真实想法；二来领导在讲述细节的过程中，也会开始启动思考，会慢慢冷静下来，就有可能做出更理智的判断了。

以怨报怨是一种社会效用最差的选择，容易使双方陷入冤冤相报无了时的恶性循环之中。只有宽宏大量，忘记仇恨，以诚相待，才能让对方感念你的诚意，主动化解他心中对你的仇恨，进而为自己赢得更多的好人缘。

多看效应
想要人缘好，就多在别人面前露露脸

在许多人看来，喜新厌旧是人的一种天性，事实果真如此吗？

在20世纪60年代，有一位心理学家做了一个实验，他向受试者出示了一些照片，然后请受试者评价一下他们对照片上的人的喜爱程度。在实验过程中，有的照片被重复展示了20多次，有的照片被重复展示了10余次，还有一些照片只被展示过一两次。实验结果显示，受试者更喜欢的是那些被重复展示了20多次的照片上的人，而不是只被展示过一两次的照片上的人。也就是说，受试者看到某张照片的次数越多，就越喜欢这张照片，看的次数增加了喜欢的程度。

为了证明这一实验结论的正确性，另一位心理学家也做了一个实验。他来到一所大学的女生宿舍楼里，随便找了几间宿舍，给宿舍里的女生发了一些口味不同的饮料，请她们以品尝其他人的饮料为由，在这些宿舍之间互相走动，但双方见面时不得交谈。过了一段时间之后，这位心理学家对她们之间的喜欢程度进行评估，结果发现：她们之间见面的次数越多，就越互相喜欢；见面的次数越少甚至根本没有见面，互相喜欢的程度就越低。像这样一种现象，心理学上称之为“多看效应”。

这一效应不仅仅会出现在心理学实验中，在我们的日常生活中也普遍可见。比如，在一些交际场所，我们难免会遇到一些陌生人。刚开始时，我们可能会因为某个陌生人相貌不佳而觉得这个人很难看，可是等我们熟悉了这个人之后，往往就不会再觉得他难看了，有时甚至还会觉得他在某些方面非常有魅力。在职场中，你也可以细心地观察一下，然后你就会发现，那些经常在领导面前露脸的人，往往也比较讨领导欢心。当然了，这么说并不是在鼓励大家都去通过溜须拍马在领导面前露脸，只是在说明多看确实能够加深别人对我们的印象。再看看我们身边，那些经常与别人闲话家常或是带一点儿小礼物跟同事分享的人，他们的人缘是不是要比那些不爱跟外界打交道的人要好很多？相比之下，那些习惯了自我封闭或是不擅长跟人打交道的人就差远了，由于他们与别人的交流比较少，不易让人亲近，或是令人费解，所以往往不太讨人喜欢。

多看效应告诉我们，**如果你想增加自己的人际吸引力，就要留心提高自己在别人面前的熟悉度，使别人越来越喜欢你。**那么我们应该怎么做才能让多看效应发挥它的最大作用呢？最简单、有效的方法就是让别人有更多的机会“看见”你，提高彼此之间的熟悉度。

举个例子，如果你是一个想改善自己人际关系的大学生，那么你不妨多在宿舍之间走动走动，比如以借书为由去隔壁的宿舍一趟，跟里面的人打一声招呼，等等。在一个个细节的来来往往之中，你的人际吸引力会无形中得到加强。即便只是露个脸，也能给别人留下一些印象，使别人以后更容易记住你。

如果是职场人士，也要多多跟别人交往，比如吃饭时礼貌地跟同事打招呼，在电梯里遇到领导时与他寒暄几句，在会议上与某人对视时面带微笑……只要你不再低下头来或是假装什么也没看见，就是一个良好的开端，就能给大家留下印象。如果你只顾埋头苦干，甚至自我封闭，只会让自己的职业发展之路越来越窄。

竞争优势效应
化敌为友，实现“双赢”

在现实社会中，人人都希望自己是强者，而不愿意处于弱势地位。因此，在涉及自身利益时，人们往往会极力争取，哪怕是因此而两败俱伤甚至玉石俱焚；即便双方拥有共同的利益，人们也往往会为了争夺优先权而选择与对方竞争，而不会选择有利于双方的“合作共赢”。像这样一种心理现象，心理学上称之为“竞争优势效应”。

为了证明这一效应的存在，曾经有一位心理学家做了一个经典的实验。他找来一些学生当受试者，让他们每两个人组成一组，但是不允许小组内的成员相互商量，然后请每一位成员分别在纸上写下自己想得到的钱数，并规定：如果小组内的两个人所写的钱数之和正好等于或小于 100 元，那么他们就可以从心理学家那里分别得到他们在纸上所写的钱数；可是，如果他们所写的钱数之和大于 100 元，比如是 120 元，那么他们就要各付 60 元给心理学家。实验结束之后，这位心理学家发现，几乎没有一组学生所写的钱数之和小于 100 元。因此，这些受试者只得付钱给心理学家了。这一实验结果表明，在拥有共同利益的情况下，人们也依然会选择竞争：双方都想拿到更多的钱，因此不惜亏本也要多写一点儿，并寄希望于对方能够少写一点儿。也就是说，人们为了达到处于优势地位的目的，宁愿冒两个人一起吃大亏的风险，也不愿意自己一个人吃一点儿小亏，却便宜了对方。这无疑证实了竞争优势效应的存在。

为什么人们会产生这种扭曲心理呢？一是因为人们具有强烈的竞争意识。社会心理学家认为，每个人都有一种与生俱来的竞争意识，都希望自己比别人强，而不能容忍自己的对手比自己强，尤其是在出现利益冲突时，双方往往都会优先选择竞争，哪怕拼个两败俱伤也不愿意让步。二是因为双方拥有共同利益，但是利益却分配不均，各自难以实现利益的最大化。比如，在上述实验中，每个人都想获得最大的利益，于是不惜冒险也要多写一点儿，并寄希望于对方能够少写一点儿。可是，双方都是这么想的，因此心理学家最终“赢钱”就是预料之中的事了。三是因为双方缺乏沟通。如果双方有机会沟通，就能够事先就利益分配的问题达成共识，实现双赢的局面。还以上述实验为例，如果心理学家允许接受测试的小组成员之间互相商量，或者小组成员已经事先掌握了对方会做出什么样的选择，那么实验结果必定会大不相同。

如果我们能够像心理学家一样妥善运用竞争优势效应，那么我们就能轻易地处理好一些利益纷争甚至是解决更大的问题了。在这一点上，许多人都做得比较到位。事实上，早在中国古代，就已经有人能够妥善地运用这一手段了。

战国时期，著名的纵横家苏秦提出合纵政策，主张联合其他国家对付秦国，于是到处游说，使天下的谋士都聚集在赵国，讨论联合六国抗拒强秦的具体措施。

秦昭襄王得知这一消息之后，不禁有些担忧，对主持秦国内政外交的应侯范雎说："天下的贤才武士以合纵为目的齐聚赵国，我们要如何应对才好？"

范雎回答："大王不必担忧，臣可以破坏他们的合纵计划。天下的贤才武士与秦国并没有什么仇恨，他们之所以会聚集起来攻打秦国，只是为了借此升官发财而已。请大王看看您的那些狗，现在它们睡着的都好好地睡着，站着的都好好地站着，走路的都好好地走着，停下来的都好好地停在那儿，并没有出现互相争斗的情景。可是，如果把一块骨头丢到它们中间去，那么所有的狗都会立刻跑过来，互相撕咬，这是为什么呢？只因为它们都生了夺取那块骨头的念头。"

于是，秦王就给了范雎足够的金子，让他负责处理此事。范雎给了秦臣唐雎五千金，派他带着金子和乐队去赵国的武安大摆宴席，并让他对外宣称："有邯郸人愿意来拿黄金吗？"结果许多人都去拿了黄金，然后这些人跟秦国的关系就变得像兄弟一样亲密了。

范雎见自己的计划已经初见成效，就又给了唐雎五千金，对他说："您是秦国的有功之臣，这次出使，您不必为把黄金给谁而担心，只要把黄金都送出去就算功德圆满了。”于是，唐雎又用车拉了五千金，再次来到武安，去收买天下的贤才武士，结果散出去的钱还不足三千金，那些合纵之士就互相争夺起来，再也无心策划联合攻击秦国一事了。

结成合纵抗秦的同盟，原本是保住六国的唯一方法，可以取得立竿见影的效果，但最终却因为范雎的计策而没有机会付诸实施。范雎可谓深刻地掌握了人性的弱点。他深知利益能够使人暴露出本性，因此采取了抛出“一块骨头”的策略，让对手为了利益互相竞争，最终的结果是摧毁了合纵联盟。

由这一事例也可以看出，竞争优势效应不但能够帮助人们实现自己的目的，还有一些消极作用，那就是导致人们像沙滩上的鹬和蚌一样，为了争夺利益而走上“同归于尽”之路。古语有云：“人为财死，鸟为食亡。”说的也是这种情况。即便是多年的好朋友，也可能会为了眼前的小利而反目成仇；那些原本安定、团结的集体，在面对突然而来的利益时也可能出现纷争。即便双方具有共同的利益，即便双方都知道团结很重要，可是只要利益分配不均，只要长期利益和眼前利益出现矛盾，只要有一个人是“近视眼”，那么双方之间就有可能会选择相互竞争、内斗，双方的团结最终会遭到破坏。这是人类可悲的一面，也是让那些不怀好意的野心家兴奋不已的地方。

可是，从古到今，有许多人都不明白其中的利害，非要争个你死我活，以致最终落得个两败俱伤的下场，既害了别人也害了自己。

那么，如何才能消除竞争优势效应的负面影响呢？“双赢理论”就是很好的选择。任何一个人，都必须与周围的人友好相处、精诚合作、优势互补，在竞争中谋求发展，这样才能实现自身的价值。可以说，只有实现“双赢”，才算是真正的赢。美国总统林肯就深谙此道。

在担任美国总统期间，林肯对政敌的态度非常友好。有一位官员对此既不满又不解，就问林肯为什么要试图跟那些人交朋友而不是去消灭他们。林肯态度温和地回答：“我这么做不正是在消灭我的敌人吗？”是啊，林肯这么做其实是在化敌为友，实现了“双赢”。

在谈判中，也应该避免运用竞争优势效应，尽量达到“双赢”的效果。比如，在谈判过程中，注意营造一个融洽而不是充满火药味儿的氛围；努力发展双方的关系，而不是采取征服对方的手段等。

总之，无论是个人还是组织，无论是人际交往还是经营企业，都要尽量发挥竞争优势效应的积极作用，注意避免它的消极作用。只有这样，前面的路才会越变越宽，才能实现“双赢”。

社会懈怠效应
人多好办事，也容易办不成事

俗话说："人少好吃饭，人多好干活。"许多人认为，团队协作的产出比个体成员单独工作的产出之和大，因为团队精神可以刺激个人的努力，因此2+2可以大于4。可实际上往往并非如此。人与人之间的合作并非人力的直接相加那么简单，而是要复杂、微妙得多，个人与群体其他成员一起完成某种事情时，往往个人所付出的努力比单干时少，经常会出现个人的活动积极性与效率下降的情况。像这样一种现象，心理学上称之为"社会懈怠效应"。

这一效应最早是由德国心理学家林格曼提出来的。20世纪初期，林格曼曾经做过一项实验，专门研究团体活动对个体行为效率的影响。在实验中，他要求受试者尽力拉绳子，并测量他们的拉力。所有的受试者都参加了以下3种形式的测试：1个人单独拉绳子、3个人一起拉绳子、8个人一起拉绳子。测试结果显示，在没有合作伙伴的情况下，个体的平均拉力为63千克；在3个人一起拉绳子时，个体的平均拉力为53.5千克；在8个人一起拉绳子时，个体的平均拉力则只有31千克，不足一个人单独拉绳子拉力的一半。实验结果表明，当拉绳子的人数逐渐增加时，每个人使出的力量反而越来越小，并没有达到力量累加的预期效果。于是，林格曼就称这种在团体中较不卖力的现象为社会懈怠效应，也有人称其为“社会惰化作用”。

1979年，心理学家拉塔纳及其同事做了一项名为“拍手和欢呼”的实验，也发现了类似的现象，进一步证实了社会懈怠效应的存在。在该实验中，拉塔纳等实验人员要求受试者尽情地拍手和欢呼，然后对每个人发出的声音强度进行测量。测量结果显示，随着受试者人数的增加，每个人发出的声音也变得越来越小。这一结果说明，在有其他组织成员参与的情况下，受试者个人的努力程度就减少了。换句话说，就是在群体一起完成一件工作时，群体中的每个成员的努力程度会明显低于他们独自完成这件工作时的努力程度。

像这种在团体中较不卖力的现象，我们平时也经常用“一个和尚挑水喝，两个和尚抬水喝，三个和尚没水喝”的俗语来概括，这体现的正是团体成员增多反而会削弱个体的工作积极性的现象，可谓社会懈怠效应的典型案例。

心理学家认为，社会懈怠效应的产生可能有两个原因。一是个体的责任感被削弱了。在集体合作中，如果个体所做的努力是不被测量的，只是作为整个集体的工作成绩的一部分，那么许多人就会认为他们的工作不受监督，干好干坏一个样，不必为自己的行为负责，于是他们在工作中的努力程度也随之降低。简而言之，就是当人们认为自己的努力难以衡量，与集体绩效之间没有明确的关系，或是觉得自己的努力对整个集体来说微不足道，便会降低努力的程度。二是团体中的成员会认为其他人可能偷懒，为了公平起见，就降低了自己的努力程度，导致集体的力量并没有预期的大。

总而言之，在组织中，社会惰化作用将影响群体的工作效率。那么，我们要怎么做才能尽量减弱社会惰化作用呢？以下六种方法可供参考。

第一，将工作任务细化，明确成员分工、落实成员责任，让每个组织成员都明确自己的职责和目标所在，从根本上避免社会惰化作用的出现。

第二，记录每个成员的努力程度和工作成绩，使所有组织成员都能感觉到自己在工作中的表现是会被评价的。个体业绩可识别化可以避免大家产生怠惰心理。把个体从团队中提取出来，当个体的行为可以进行单独评价时，人们往往会付出更大的努力。有些篮球教练通过录像和对运动员进行个别评价的方法来达到这一目的，在接力赛跑中，如果有人监控队员并且单独报出每个人的用时，那么整个接力的时间将会更少。

第三，公布努力程度和工作成绩的考核结果，让所有组织成员都知道其他人的表现，以免大家因为怀疑有不公平现象的存在而偷懒，从而督促所有人都各司其职。

第四，缩小基层组织的规模，让组织成员觉得工作具有一定的挑战性，以便激发和增加他们的参与感和责任感。相关研究表明，当工作难度较大或具有挑战性，而且个体相信自己具有对团体做出特殊贡献的能力时，个体的懈怠感会有所降低。除此之外，一般认为，合作群体的成员越多，组织内耗即组织成员“窝里斗”的现象就越严重。如果组织成员只有两个人，那么他们之间就只存在一种关系；可如果组织成员增加到了三个人，就会存在三种关系；如果组织成员变成了四个人，则会存在六种关系……以此类推，组织成员之间相互关系的数量会呈几何级数增长。而成员关系越复杂，组织内耗就越大。

第五，注重群体的素质结构，加强组织成员之间的沟通，以增加他们之间的默契感和合作精神，使他们能够各司其职、通力合作。让组织成员之间互相影响、互相适应、互相补充、互相促进，使每个组织成员都有机会充分发挥自己的潜能。

安泰效应
谁也离不开他人的支持和帮助

在古希腊神话中，安泰是大地女神盖亚和海神波塞冬之子，被封为大力神。他为了收集人的头骨，以便给父亲波塞冬建立一座神庙，强迫所有经过他领地的人与他摔跤。可是，由于他力大无穷，所向披靡，所以几乎没有人能打得过他。那些被他打败的人，全都被他杀死了。

后来，希腊神话中最伟大的英雄——赫拉克勒斯出现了，他在经过安泰的领地利比亚时，发现了安泰的秘密：由于大地女神是安泰的母亲，所以只要与大地保持接触，安泰就能汲取源源不断的力量，就是不可战胜的。为了铲除安泰，赫拉克勒斯诱使安泰离开了地面，并将他高举到空中。一离开地面，安泰就无法再从母亲那儿获得力量，结果被杀死了。

这说明了，即便是神，也需要依靠某种资源或者帮助才能获得力量，一旦失去力量之源，神也会失败。后来人们就用"安泰效应"指一旦脱离相应条件就失去某种能力的现象。

人是社会性生物，个人总是生活在一定的社会环境之中，正确地利用社会资源可以很大程度上助力个人顺利发展。在今天的社会生活中，朋友、团体、资本乃至平台、经验、技术等都是可以为我们提供助益的资源。“安泰效应”强调了资源的重要性，从积极的方面来说，“安泰效应”鼓励人们回归人群，重视环境、珍惜朋友、感恩平台；同时也提醒大家，每个人都有弱点，每个人的成功都离不开适当的条件。

从企业发展来看，企业的创始人如果被视为安泰，那么企业的众多员工，就是给他提供力量的大地。

20世纪30年代初期，世界经济普遍不景气，日本的经济也未能幸免，陷入了一片混乱之中，各个厂家纷纷裁员、降薪、减产以求自保，民众失业严重，生活没有保障。

松下电器公司也受到了影响，出现资金周转困难的情况。虽然松下电器公司像其他日本公司一样尊重员工、处处考虑员工的利益，能够与员工同甘共苦，可是面对来势汹汹的经济危机，公司内部还是有一些管理人员提出了裁员的建议。

在家养病的松下幸之助并没有采纳这个建议，毅然做出了一个与其他厂家截然不同的决定：既不裁员也不降薪，但是把工作时间缩短了一半，并要求所有员工都利用业余时间去推销积压在仓库里的商品。这一做法得到了员工的一致支持，于是公司上下所有员工都设法推销积压商品，结果大家只用了两个多月的时间就把所有的积压商品都推销出去了，公司由此顺利地渡过了难关。

除了这次经济危机之外，松下电器公司还经历过好几次类似的危机，但是每次都因为松下幸之助在困难中依然坚守心系员工的经营理念，极大地增强了公司上下同心协力抵御困难的决心，所以松下电器公司才能够次次都绝处逢生，松下幸之助本人也赢得了员工们的一致称颂。

所以，在日常生活中，在各种工作场所，即使我们自己的能力再强，也难免有需要他人帮助的时候。不要过分夸大个人的力量，也不必勉力背负超出个人能力的压力。一方面，学会向他人寻求帮助，从他人身上汲取更多的力量。同时，对那些帮助和支持过我们的人报以真诚的感谢并珍惜。在他人需要帮助时，也能设身处地为他人着想，及时伸出援手。

我们都是大地，我们也都有可能是安泰。

彼得原理
提拔优秀员工并不一定是理智的

彼得原理是管理心理学中的一种心理学效应，是美国著名的管理学家劳伦斯·彼得在深入研究了组织中人员晋升的相关现象之后得出的，并因此而得名。其主要内容是："在一个存在等级制度的组织中，如果某位员工在原有的职位上表现良好，那么管理者往往习惯于把他提拔到更高一级的职位上，如果他有能力胜任新的职位的话，那么他还将获得进一步的提升，直至升到他不能胜任的位子上为止。"简而言之，就是雇员总是趋向于晋升到他所不能胜任的职位上为止。

这一原理刚开始提出时，遭到了许多人的质疑，当时被人们广为接受的是"帕金森定律"。

帕金森定律又称"官场病""组织麻痹症"或"大企业病"，源于英国著名的社会理论家诺斯古德·帕金森于 1958 年出版的《帕金森定律》一书，常常用来指代层级组织中冗员累积的现象。在《帕金森定律》一书中，作者是这样阐述机构人员膨胀的原因和后果的："一个不称职的官员，一般有三条出路可走，一是主动让位，使能者居之；二是找一个能干的人来协助自己；三是找两个能力比自己还低下的人当助手。一般来说，这个官员是不可能走第一条路的，因为这样会失去许多权力；第二条路也不能走，因为这样自己会被比下去。最终，许多不称职的官员都选择了找两个平庸的助手来分担自己的工作，他自己则高高在上，对他们发号施令，而且不必担心他们会威胁到自己的权力。就这样，上行下效，两个无能的助手也为自己找了两个更加无能的助手。渐渐地，就形成了一个人浮于事、相互扯皮、效率低下的领导体系。”

而劳伦斯·彼得对于机构臃肿成因的推论是：“每一个职位最终都将被一个不能胜任其工作的职工所占据。层级组织的工作任务多半是由尚未达到不胜任阶层的员工完成的。”到达彼得高地的人，竭尽全力也无法改进现有的状况，于是为了完成工作、增进效率，他们只好雇佣更多的员工。可增加人员只能缓解问题，不能解决问题，因为新增加的人员最终也会到达彼得高地，然后只得再次增加雇员。如此恶性循环下去，使组织中的人数超过了工作的实际需要，使组织的效率越发低下。

1960 年 9 月，美国联邦出资举办了一个研习会，劳伦斯·彼得在会上首次公开发表了他的这一发现，谁知却遭到了许多高级主管的嘲笑和指责。有一名年轻的统计员甚至捧腹大笑，还因此从椅子上跌了下来。只有一位名叫胡尔的记者对他提出的理论产生了很大的兴趣，并促使他将这一理论写成了《彼得原理》一书。不过，该书的出版也不是一帆风顺的，前后被退稿总共达 14 次之多，可是一经出版，就在社会上引起了强烈的反响，以至连续 20 周占据非小说类畅销书榜榜首之位。时至今日，《彼得原理》已经被翻译成了几十种语言文字，并在世界各国热销，还成了许多大学的必修课程。无论是商业、工业、政治、军事、宗教还是教育等领域的人，都和层次组织学息息相关，也都受彼得原理的控制。也正因为这本书，劳伦斯·彼得在“无意间”创设了一门新学科——层级组织学。

在现实社会中，到处可以看到彼得原理的影子。比如，一名优秀的运动员被提升为主管体育的官员，可是最终由于管理经验的缺乏和工作经验所限，往往难以有所作为。再比如，一个优秀的机械师因在本职工作上表现优异而被升任为工厂管理人员后，仍然被那些他所感兴趣的技术活吸引，经常出现他亲自动手修理拆卸下来的汽车引擎，而下属呆站在一旁的情形。他擅长技术钻研，却不善于给下属分配任务，致使下属无法明确自己的职责，工作任务不能及时完成。

由于目前大多数企业都把工资、资金、职位、头衔等跟员工的工作能力和工作表现联系起来，员工所处的职位越高、工资越高，资金也越丰厚，所以在许多管理者看来，提拔那些表现优秀的员工是天经地义的，是对优秀员工最好的肯定。这个出发点显然是好的，可是结果却不一定尽如人意。一个员工是否优秀，往往是相对于他的岗位而言的，而与更高级的职位并没有必然的关系。如果把他换到一个更高级的职位上，他不一定就能称职。每个人的兴趣、能力、知识结构和人格特点都不一样，一个技术型人才并不一定是一个优秀的管理人员，一个好的销售人员也不一定能成为一个好的团队领导。如果不全面地考虑员工综合素质并结合组织实际需求就贸然提拔，有可能会出现一方面被提拔者个人能力不足工作吃力，另一方面整个组织也运转不畅的“双输”局面。一旦组织中有相当一部分人员都被推到了他们所不能胜任的职位上，就会出现人浮于事的情况，进而导致整个组织机构臃肿、工作效率降低甚至发展停滞。

彼得原理的应用实例之一，就是现代政府机关中实行的公务员制度，整个制度的晋升渠道分为“行政职务序列”和“技术职称序列”，在这样的双晋升渠道体系中，一部分人逐级提拔为领导干部，另外一部分人逐渐成长为技术专家。我国的军队中目前也是两套晋升系列：一种是现役军官，另一种是文职干部。军官授军衔，由少尉直至上将；文职干部不授军衔，有自己的级别序列体系，从专业技术十级到专业技术一级。

“彼得原理”并不反对提拔人才，而是强调提拔人才要有更全面的考量和更健全的机制。例如开展与岗位特征相匹配的培训和考核、建立有效的多种奖励机制和多维的晋升渠道。从根本上改变单纯的“根据贡献决定晋升”的晋升机制和上升通道，建立科学、合理的人员选聘制度，客观地评价每一位员工的实际能力和擅长方向，将他们安排到最适合他们的岗位上。

真正明智的管理者，善于把每个人安排到一个能够让其发挥其长处的位置上，并给予相应的物质或精神奖励，而不是一味地提拔他们，致使他们最终在无尽的晋升阶梯中感到颓废甚至迷失自我。

鲶鱼效应
不想被淘汰就要时刻有危机感

在古代挪威，由于人们喜欢吃沙丁鱼，尤其是鲜活的沙丁鱼，因此当地有许多渔民都以捕捞沙丁鱼为生。可是，由于出海捕鱼的时间很长，再加上沙丁鱼非常娇贵，一旦离开海水就非常不适应，绝大部分沙丁鱼在运输途中都因窒息而死亡。渔民们为了延长沙丁鱼的存活期，想了很多办法。然而，有一条渔船总能将沙丁鱼活着带回到渔港，直到船长去世，谜底才揭开。原来老船长在沙丁鱼槽里故意放进几条鲶鱼。鲶鱼生性好动，是一种凶猛的肉食性鱼类，一般以小型鱼类为捕食对象。它进入沙丁鱼槽后，引起了沙丁鱼群的紧张不安，于是沙丁鱼会加速游动躲避危险，这么一来，缺氧问题迎刃而解，增加了沙丁鱼在运输过程中的存活率。

这就是心理学上著名的“鲶鱼效应”。“鲶鱼效应”的作用在于通过激活群体的竞争天性，调动群体内其他个体的热情和激情。引发“鲶鱼效应”的作用机制是个体的应激心理。所谓应激心理，是指在遇到某种环境的刺激时，有机体因为客观要求和应付能力不平衡而产生的一种紧张的反应状态，目的是适应环境。的确，保持适度的紧张有助于保持有机体的生机和活力，从而使有机体能够更好地适应环境。

早些年间，某地的某个牧场里经常有狼群出没，很多羊都被狼叼食了。牧民们无奈，只好向当地政府和军队求助。随后，狼群被赶尽杀绝，羊的数量激增。牧民们非常高兴，以为他们从此可以高枕无忧了。可是，又过了一些年，牧民们却发现，随着狼患的解除，羊群并没有更加强壮，反而越来越虚弱，而且数量锐减。原来，羊群的活动区域里没有了天敌，羊群逐渐丧失了危机感，它们不再习惯奔跑，体质逐渐下降，基因退化，进而影响到繁殖能力，最后导致了整个羊群的衰弱。

动物如此，人亦如此。中国有句古话叫："生于忧患，死于安乐"，表达的大致就是这个意思。**人们在一定的社会环境中工作和生活，总会有各种各样的情境信息或刺激对人施加影响。这种影响和刺激被人感知到或作为信息被人接收，就会引发主观上的评价，同时产生一系列相应的心理和生理的变化。人的内在的潜能有可能在适当的刺激下被激发出来，从而迸发出超常的能量。**

"鲶鱼效应"经常被用于企业人事管理。当一个组织发展到一种相对平稳的状态时，常会因其成员之间的日益熟悉和相处模式的稳定而缺乏新鲜感和活力，团队成员的积极性和主动性变低，相应的工作效率也会随之下降。此时，“鲶鱼效应”往往能帮助管理者打破企业一潭死水的状况。

日本的本田公司就曾经运用“鲶鱼效应”实现管理目标。

有一次，本田公司的创始人本田宗一郎考察自己的公司时，发现公司内部无所事事的员工太多，严重影响了企业的发展。然而，这些员工也很难一刀切地全部裁去。本田宗一郎受到鲶鱼效应的启发，决定从销售部开始进行人事方面的改革。本田宗一郎辞退了原本的销售部经理，把另一家公司年仅 35 岁的武太郎挖进自己的公司。而武太郎也没让他失望，在进入公司后，凭着自己丰富的市场营销经验以及主动积极的工作态度，赢得了销售部同事的一致好评。并且，武太郎把全公司员工的工作热情都极大地调动起来，公司的销售额上升了不少，知名度也大大地提高了。从此，本田公司每年都会从其他公司“挖掘”一些有能力的员工，让公司上下的“沙丁鱼”都有了危机感，业绩蒸蒸日上。

作为管理者，“鲶鱼效应”是一种管理手段。适时运用“鲶鱼效应”，为组织补充新鲜血液，引进富有冲劲、思维敏捷的年轻生力军，或者经验丰富、有系统视角、敢于创新的管理人员，打破一成不变的格局，让安于现状的成员感受到危机感，重新激发企业员工的活力和竞争进取之心，达到提高工作效率和业绩的管理目的。

作为被引入的“鲶鱼”，“鲶鱼效应”是一种自我实现的路径，但同时也要特别关注如何在新的组织中适应环境，扎下根基。由于“鲶鱼”的“好动”和“好斗”，所以很容易得罪人，甚至最终被“沙丁鱼”联合打压出局。

作为“沙丁鱼”们，“鲶鱼效应”是一个自我激励、自我成长的机遇，提醒我们要关注环境的变化，保持自己的竞争性，保持适度的“危机感”，养成终身学习的习惯，积极求新求变，与组织共同进步。

在现实社会中，鲶鱼效应有积极作用之外，也可能引发一些问题：第一，从外部引进人才会对原组织成员的晋升起到阻碍作用，使得一部分一直在努力工作的员工失去工作热情，甚至导致人才流失的现象发生，削弱组织的整体力量。第二，被引进的鲶鱼型人才的观点和行为习惯与组织无法兼容，没有发挥预期作用。甚而难以与原组织成员形成优势互补，从而增加了组织内部的摩擦成本。当然，我们可以采取措施降低这些不良反应。比如，把引进“鲶鱼”的真正目的和意义告诉骨干员工，以减轻骨干员工的心理负担；组织“鲶鱼”和“沙丁鱼”进行团队活动，增加他们接触的机会，让他们相互了解，以减轻他们之间的抵触情绪。

总而言之，鲶鱼效应既可能提升一个团队的战斗力，也可能起到相反的作用。所以，团队领导者要根据实际情况来决定是否要引进鲶鱼型人才；一旦引进了这种人才，就要做好负面影响的防范措施。

霍桑效应
每个人都希望被看见

一个卓越的管理者，必须意识到这一点：关心和关注自己的员工，员工个体会产生改变自己行为的倾向。具体来说，就是当你耐心地倾听员工向你倾诉不满或提出意见时，员工往往会把你当作关心和关注他的人，从而对你敞开心扉，甚至因此而更加努力，像这种因受关注而改变自身行为的现象，就是心理学上所说的“霍桑效应”。

霍桑效应起源于20世纪20~30年代在霍桑工厂进行的一系列实验研究。霍桑工厂是美国西屋电气公司（又译为威斯汀豪斯电气公司）的一间工厂，坐落于美国芝加哥。从1924年11月到1927年5月间，由美国国家科学委员会为该工厂提供赞助，在该工厂进行了一系列实验，实验的目的是要研究企业物质条件与工人劳动生产率之间的关系，试图通过改善工厂给工人提供的物质条件找到提高工人劳动生产率的办法。在研究过程中，研究者不断地改变照明强度、空气湿度、工作时间、休息时间、工资、午餐等因素，其结果是，不论工作条件持续改善的“实验组”还是工作条件没有改变的“可控组”，其产量都持续上升。研究人员对这一结果感到茫然，不少人退出了研究小组。西屋电气公司邀请了以梅奥教授为首的一批哈佛大学心理学工作者加入，从 1927 年起进行了第二阶段的实验，这次实验从 1927 年 6 月开始到 1932 年研究工作结束，主要目的是找到更有效地控制影响工人积极性的因素。梅奥教授领导的研究小组通过实验发现生产效率的提高主要是由于被实验者在精神方面发生了巨大的变化。参加试验的工人被置于专门的实验室并由研究人员领导，其社会状况发生了变化，受到各方面的关注，觉得自己是公司中重要的一部分，从而使工人从社会角度方面被激励，促进了产量上升。参加实验的工人由于受到高度关注而提高了工作积极性，这引出了“社会人”的概念。

梅奥等人不但试着改善工作环境等外部因素，还制定了一个征询员工意见的访谈计划。从 1928 年 9 月到 1930 年 5 月这段不足两年的时间里，研究人员与工厂里大约两万名员工进行了访谈。访谈计划的最初想法是了解工人对管理政策、管理人员的态度和工作条件等方面的意见，但这种规定好的访谈计划在进行过程中却出乎意料，得到意想不到的效果。研究人员发现引起员工不满的事情与他们真正埋怨的事情并不是同一回事。比如，有一位工人说他对计件工资过低感到不满，可是经过一番深入的了解，研究人员才发现这位工人其实是因为无力支付妻子的医药费才对计件工资感到不满的。在耐心听取工人对管理的意见和抱怨过程中，研究人员认识到：在工人所要的需求中，金钱只是其中一部分，还有很大一部分是情感上的慰藉，比如安全感、和谐、尊重、归属感等，因此，新型的领导者要提高职工的满足感，善于倾听职工的意见，看到情绪后面一个个具体而真实的“人”，使工人的经济需要与社会需要取得平衡。为此，研究小组对管理人员（尤其是基层管理人员）进行了训练，使他们能够倾听并理解工人的心声，结果不但改善了上下级关系，还鼓舞了士气，使得霍桑工厂的工作效率得到了很大提升。

“霍桑实验”的结果由梅奥于 1933 年正式发表：人是有复杂社会属性的“社会人”，工人的工作效率不但会受工作条件、工作待遇等物质条件的刺激，也取决于职工的自身积极性，取决于职工在家庭和社会生活组织中人与人的关系。因此要想调动员工的工作积极性，必须从社会、心理两个方面入手，注意倾听员工的心声，重视人际关系，设身处地地关心员工，通过积极的意见交流，达到感情的上下沟通，使员工感到自己受到关注和重视。这就是霍桑效应的主要内容。

现代人普遍感觉压力大。作为管理者，如果能够看到员工的疲惫、愤怒、烦恼、痛苦、焦虑、紧张等负面情绪，让员工有机会发泄他们心中的不满和压力，就能有效地帮助员工应对消极情绪。那么，当员工牢骚满腹，甚至“蠢蠢欲动”时，管理者应该怎么做才能发挥霍桑效应的作用，帮助员工调整好状态，使他们安下心来投入工作之中，并增强他们对企业的忠诚度呢？松下电器公司是这样做的：

在松下电器公司的所有下属公司中，都设有一个专门的“出气室”。这个“出气室”又叫“精神健康室”，里面设有橡皮塑像和棍子。在感到郁闷、烦躁或不安的时候，任何一位员工都可以走进去，把橡皮塑像当成经理、客户或同事等发泄对象，对着它不停地捶打，以宣泄内心的不满，舒缓自己的精神压力……宣泄够了之后，再进入“恳谈室”向相关人员提出自己的意见和建议。在恳谈室中，有受过培训的专人与员工进行交流。他们会认真倾听员工的意见建议，做简单的记录，在整个过程中，不打断不催促不批评不指责，保持眼神交流，给予适当的理解和安慰，这种方法不但缓解了员工的心理压力，更是一种柔性管理手段，可以帮助员工化解挫折情绪，有效地提高员工的归属感和忠诚度。

霍桑效应在生活的很多方面都得到体现。比如，受到积极关注的孩子学习效率会大大提高；丈夫只需要安静地倾听唠叨的妻子发泄出委屈和失意，妻子很快就能感觉到被抚慰；老人在家想要分担一些家务是为了得到家人的关注；凡此种种，让我们感到，霍桑实验在心理学上最大的贡献就是把“看到”的力量以劳动生产率的方式显化了出来。

缄默效应
面对领导或父母的批评，你会选择沉默吗

1926的中国，外强入侵，内部军阀割据混战。1926年3月18日，段祺瑞政府命令执政府内的预伏军警以武力驱散“反对八国最后通牒的国民大会”游行队伍，结果造成当场死亡47人，伤200多人的惨剧。为纪念在这场惨剧中牺牲的年仅23岁的女学生刘和珍，鲁迅先生写了著名的《记念刘和珍君》一文。在文中，鲁迅先生沉痛地写道：“沉默啊，沉默啊，不在沉默中爆发，就在沉默中灭亡。”对当时的军阀政府的高压政策所造成的社会黑暗、民众沉默的现状表示了极大的愤慨。

鲁迅先生痛斥的这种滥用强迫手段而招致民众的沉默，就是心理学上的缄默效应。缄默效应是指在人际沟通中，由于对方是权威人士或者说是势力太大，对你产生一定程度的压力，因此大部分人往往会在这种时候选择保持缄默，或者说是顺应对方的压力趋势，说出一些对方想要听的话，或者做出一些对方想要自己做的事情，以此来避免由于压力带来的冲突。

在生活中，缄默效应中的“强迫手段”，不单是指行动上的强迫行为，还包括言语、态度上的轻视、无视，甚至是冷

暴力等，会让当事人觉得被打压的行为。

缄默效应中的“缄默”，是指人的言语器官无器质性病变，智力发育也没有障碍，却沉默不语的现象。缄默的发生总是与特殊的问题或任务情景有关。有些早年遭受重大情感创伤的患儿，比如经常被父母虐待、父母关系不和、遇见灾害性事故，或是受到明显的精神刺激的儿童会出现缄默的情况。成年人受外界刺激过大，或是在面对某些人，抑或是在某种特定的环境下的时候，也会长时间地一言不发。

现代心理学认为，缄默是一种心理防御机制。作为心理防御机制，缄默有时是一种自我保护，有时是一种被动攻击。

以“缄默”作为自我保护的时候，通常有三种情况：一是习得性无助。缄默者在心里已经预设自己说的话不会被接受和理解，觉得自己说的话没有任何意义。二是面对压力出现的“僵死”（或称“呆住”）状态。在这种情况下，缄默者可能因为压力过大而真的出现“大脑一片空白”而说不出话来。三是一种“逃避”策略。缄默者认为不说话至少没有让矛盾升级，还可以以沉默来结束当前对话。

以“缄默”作为被动攻击的时候，一方希望通过保持缄默获得权力、表达愤怒、引起重视等。此时，缄默给对方制造的不确定感、隔离和疏远、冷淡或不屑都会给对方造成巨大的压力。

在现实社会中，经常可以见到缄默效应的影子，尤其是在身份、地位、心理状态等方面“不平等”的人之间。例如：在职场中，那些缺乏足够的才能、喜欢以手中的权力作为工具的领导，往往更容易发怒，经常劈头盖脸地批评下属，而许多下属在面对这样的领导时，迫于对方权威，大部分的人往往会在这种时候选择保持缄默，或者说是顺应对方的压力趋势，说出一些对方想要听的话，或者做出一些对方想要自己做的事情，即便是心里非常不服气，也会尽量保持沉默，以此来避免冲突。

在家庭中，家长们在责罚孩子的时候，有时候孩子们也会出现一言不发的情况。这个时候家长要判断一下，是孩子真的认识到错误，还是出现了“缄默效应”？如果父母在教育孩子时语气严厉、一脸愤怒，加之父母对于孩子天生的权威，都会使孩子产生恐惧。孩子有可能为了防止自己的表达成为引爆家长负面情绪的导火索，干脆直接一言不发，任由父母发泄。还有些孩子对父母的责罚并不服气，但他们知道反抗往往会招致额外的惩罚，因而只能选择压抑自己的情感，通过不予理会的冷处理来应对家长。

一般来说，越是对自己的才干和人格魅力没有信心的人，越是想不到其他能够说服别人的有效手段，就越容易行使强制手段，也越容易引发缄默效应。人们虽然会在“强势”面前屈服，可那不过是表面上的服从，但是内心会出现叛逆、怨恨等复杂感情，让彼此间的关系变得紧绷，不和谐。职员在工作上犯了错误后因为害怕上司的威严而保持“缄默”，上司便得不到正确的信息，也许会错失亡羊补牢的机会而造成日后更大的损失。当孩子因惧怕父母的权威而保持缄默时，父母失去的是和孩子的情感交流与信任依托，不利于孩子的健康成长。

通过了解缄默效应，我们知道**人际沟通的第一原则，应当是保持人与人之间的平等交流**。有修养的人会以平常心态对待他人，言语表现得体，真诚地对待朋友，他人也会以相同的心意回报。

人与人之间难免有身份、地位、资源等各方面的差异，这些客观存在的差异，不可避免地会影响沟通的平等性。但我们所强调的“平等沟通”，并不是绝对的“平等地位”的沟通，而是真正地关心对方、尊重对方，带着了解对方的兴趣分享彼此的观点和体验的交流。也就是说，如果不能实现地位上的绝对平等，在沟通的过程中，我们可以在思想上放下傲慢（或放下卑微），从心理上实现“平等沟通”，与对方站在同一位置，一起欣赏双方绘制的蓝图。

南风效应
一把锤子敲不开一朵莲花

法国作家拉·封丹写过一则与风有关的寓言。

一天，北风要跟南风比赛，看谁的力量更大。北风说："我们就拿路上的行人为比赛对象，谁能让他们脱下大衣，谁就是赢家！"南风笑着表示赞同。比赛刚一开始，北风就呼啸而起。一时之间，空中乌云密布，还刮起了刺骨的寒风。行人个个冻得瑟瑟发抖，于是他们就把身上的大衣裹得紧紧的。北风见状，吹得更用力了，可北风越是用力，行人的大衣就裹得越紧，北风只好无奈地退了回去。接着轮到南风上场了，只见南风轻轻地吹拂着行人，天气顿时变得风和日丽。行人感到轻风拂面，天气越来越热，于是纷纷解开纽扣，脱下了大衣。比赛结果自然是南风获胜。

像这种以启发自我反省、满足自我需要而产生的心理反应，就是"南风效应"。中国有句古话叫"良言一句三冬暖，恶语伤人六月寒"，一位禅师也说过"一把锤子敲不开一朵莲花"，这些都完美诠释了"南风效应"。它说明在人际交往中，要特别注意讲究方法，温暖柔和的沟通方式让人心里舒适，接受度高，而寒冷生硬的沟通方式令人反感。北风和南风都想使行人脱掉大衣，但使用的方法不一样，结果大相径庭。南风效应又叫“南风法则”“温暖法则”，它告诉我们：温暖胜于严寒，关怀胜过苛责。人与人之间产生矛盾时，平心静气地好好谈谈，也许会比直接吵架好一些；上司对待下属，“春风化雨，宽以待人”往往润物无声潜移默化。

为什么人们会对“南风”做出这种心理反应呢？因为“南风”满足了人的自我需要，使人的行为变成了一种自觉的动作。孟子曾经说过：“敬人者，人恒敬之。”每个人都有得到尊重的需求，很多人在自己被尊重的过程中，会逐渐学习到如何尊重别人、尊重规则。

古人云：“得人心者得天下！”在企业竞争压力日益增大的今天，“以人为本”“人性化管理”成为很多企业的管理理念。要将这种理念落实到日常管理中，不妨向“南风”学习一下。企业多吹吹“南风”，满足员工对“尊重”和“认同”的需求，能激发员工的工作热情和聪明才智，还能增加员工对企业的忠诚度，进而激发员工的工作积极性，提高企业的凝聚力。具体来说，就是尊重员工的人格，信任员工的为人，关心员工的工作，体察员工的生活困难，解除员工的后顾之忧，多一点儿“人情味儿”，少一点儿“官僚作风”。“南风效应”的实质就是为营造一种让员工“舒心”的工作氛围，以使人的积极性和创造性得到充分的发挥。

日本企业在对南风效应的运用这一方面颇有经验。在日本，几乎所有的公司都非常重视对员工的感情投入，让员工感受到家庭般的情感慰藉。日本索尼公司的创始人盛田昭夫曾经说过："日本企业最重要的使命是培养企业与雇员之间的关系，创造一种经理人员和所有雇员同甘共苦的家庭式的情感。"虽然日本的企业也具有严格的管理制度，但是那些高明的企业家也深谙刚柔相济的道理，因此他们在严格执行管理制度的同时也非常尊重和体贴员工，并能最大限度地为员工排忧解难，比如关心员工的婚丧嫁娶等事宜。这种家庭式的温暖不但能够抚慰员工本人，还能惠及员工的家属，让员工的家属也对企业生出一定的情感。除此之外，日本的大企业还普遍实行内部福利制，为员工提供最大限度的福利和服务，尽可能地满足员工的各种需求。在日本的员工看来，企业不但是他们凭借自己的劳动换取薪水的地方，还是能够满足他们各种需求的温暖的大家庭。因此，员工对企业往往具有深厚的感情，能够既心甘情愿又积极地为企业效力。总之，日本的企业和员工之间不但是利益共同体的关系，还是情感共同体的关系。

拆屋效应
让对方乐意接受我们的提议

1927年，鲁迅先生做了一场名为《无声的中国》的演讲，其中有一段话的大意是这样的："中国人的性情是总喜欢调和折中的。比如，如果你说屋子太暗，并建议开一扇窗户，那么大家是肯定不会允许的。可是，如果有人主张拆掉屋顶的话，他们就会来调和，愿意开窗了。假如没有更激烈的主张，只怕连平和的改革也难以顺利开展下去。那时白话文之所以得以通行，就是因为有废掉中国字而用罗马字母的议论。"

这一论述揭示了一个心理学现象，就是你首先提出一个很大的要求，对方也许不会同意，这时你接着提出一个较小的要求，对方接受的概率会较大。像这样一种现象，心理学上称之为"拆屋效应"。人们在拒绝对方时，往往会产生一种歉疚感，在这种歉疚感的作用下，人们通常不太愿意连续两次拒绝对方，因此当对方接着提出一个相对来说比较容易接受的要求时，人们会更加愿意满足对方。

拆屋效应经常被运用在需要谈判技巧的场合。

在谈判中，有时候我们需要一开始就抛出一个看似苛刻甚至无理的条件，让对方觉得难以接受，同时表明自己并不是不想继续谈下去。这么一来，我们就能在谈判一开始就占据相对主动的地位。但是要记住了，这种谈判策略只是在“拆屋”，我们真正的目的是“开天窗”，如果要想让谈判取得真正的进展，就要记得适时地退一步，提出一个让对方更容易接受的条件——“开一个天窗”，这样才不会把对方吓跑，最终使对方接受我们的条件。

在与商家砍价、与老板谈薪资等场合，我们都可以运用这个效应为自己争取利益，同时识别对方是否在用这个效应“套路”我们。例如，我们经常会遇到的商家打折，就有可能是商家运用拆屋效应，在原价虚高的基础上打折，实际上折后价依然保证了商家足够的利润。老板在跟雇员谈薪资之前，往往会先描述一下企业的困境，目的是降低雇员的预期，雇员无须被这些“拆屋”信息迷惑，只需要专注于自己想开的“窗户”，守住心中的底线即可。

在日常的人际交往中，灵活运用拆屋效应也能在很多场合帮助我们达成目标。

莉莉和小安是同事，平时关系也不错。莉莉因为私事需要请几天假，老板让她自己安排好工作。于是莉莉请小安帮她完成一份报告，由于这份报告篇幅很长，在莉莉向小安提出请求时，小安觉得很为难。当莉莉看到小安面有难色，才意识到自己提的这个请求可能超出了小安能够承受的范围，这个时候她想到了拆屋效应，于是她紧接着提出了第二个方案：请小安完成这份报告的几个章节，自己在家抽空完成其余的章节。小安立刻接受了第二个方案，并主动提出来可以帮助莉莉搜集其余章节的素材。最终，莉莉放心地请了假，报告也出色地完成了。

现实生活中，人们也经常用“拆屋效应”制造惊喜效果或缓解坏消息的冲击力。

有一家公司因市场变化出现利润大幅度下降，公司决定节约开支以渡过难关。全体职工大会上，总裁实事求是地分析了公司目前面临的困难，传达了公司节约开支的战略方针，并表示为了达到节约开支的目的，公司有可能采取包括裁员、降薪的所有措施，具体方案还在进一步酝酿中。雇员们在忐忑沮丧中等待，他们非常担心自己会失去这份工作。几周后，总裁宣布：“虽然公司目前遇到了困难，可是考虑到大家一直都尽心尽力地工作，公司舍不得让任何一个人离开。为了应对眼前的困难，决定全员降薪10%。”这个消息并没有引起大家很大的情绪波动，绝大部分雇员都表示可以理解，最终公司得以平稳地推行了降薪政策。不久之后，市场回暖，公司重回正常运转轨道，公司和雇员一起走出了低谷。

拆屋效应是我们在面临让自己的利益有所损失或有为难的事情的时候自然的心理反应，在日常生活中，只要我们善于利用它，就能让它在交际、管理、教育等方面发挥它应有的作用，从而给我们带来许多便利。

德西效应
奖励员工也要讲究方法

1971 年，美国著名的心理学家爱德华·德西做了一项实验。他随机抽调了一些大学生，请他们在实验室里做一些有趣的智力题。这项实验总共分为三个阶段：第一阶段，所有的受试者在解题之后都没有获得奖励；第二阶段，受试者被分成了两组，第一组在解题之后获得了一美元的报酬，第二组在解题之后依然什么奖励也没有；第三阶段是休息时间，受试者可以在原地自由活动。实验结果显示，第一组受试者在解题之后获得报酬，可是到了第三阶段，继续解题的人却大幅减少；而第二组受试者则不同，他们之中有很多人在休息时间还在继续解题。这一结果表明，第一组受试者对做题的兴趣和努力程度因为外在奖励而减弱了，第二组受试者却没有受到外在奖励的影响，仍然对解题保持着较大的兴趣。

这是为什么呢？德西用“内感报酬”和“外加报酬”的相互作用做出了解释。

当人们在进行一项愉快的活动的时候，这种愉悦感本身就是一种“报酬”，心理学上称之为“内感报酬”，而外部的物质奖励，被视为“外加报酬”。德西发现，人们在进行一项愉快(内感报酬)的活动时，如果提供外部的物质奖励(外加报酬)，反而会减少对这项活动的吸引力。此时，动机强度会变成两者之差。也就是说，人们在外加报酬和内感报酬兼得的时候，不但不会增强人们做出某种行为的动机，反而会削弱人们做出这种行为的积极性，心理学上称之为“德西效应”。

为什么有了外加的报酬，人们的行为动机反而削弱了呢?

人的行为动机大致分为内部动机和外部动机两种。内部动机是指人们对任务或活动本身的兴趣所引起的动机，动机的满足在活动之内，不在活动之外，它不需要外界的诱因、惩罚来使行动指向目标。因为行动本身就是一种动力。外部动机是指向行为结果的动机，往往由外部诱因引起，与外部奖励相联系。动机的满足不在活动之内，而在活动之外，这时人们不是对活动本身感兴趣，而是对活动所带来的结果感兴趣。

2022年2月8日，在北京冬奥会自由式滑雪女子大跳台的决赛上，谷爱凌成功挑战了自己在训练中从未做过的超高难度动作“向左偏轴”1620动作，就是这个逆天翻盘的绝杀，让她成了中国代表团第一个雪上项目夺金的运动员，刷新了中国女子雪上项目的金牌历史。其实在比赛之前，谷爱凌妈妈是希望她做以前做过的动作，这样虽然不一定能拿金牌，但可以“保底”拿一块奖牌。然而谷爱凌选择了挑战自己。用谷爱凌自己的话说：如果不是因为真的热爱，我就不会投入时间和精力，去不断挑战新的动作。所以，真的能看出来，谁是为了成绩去做，谁是因为热爱去做。

在这里我们可以看到，“热爱”就是典型的内部动机，滑雪本身就能给谷爱凌带来极大的愉悦，不断挑战更有难度的滑雪动作能让她体验到一种由衷的满足感和成就感。拿到奖牌并不是她刻苦训练的目的，而是她在愉快地练习滑雪的过程中自然而然拿到的成果。

如果按照内部动机去行动，我们就是自己的主人，当我们从事自己真正感兴趣的工作，工作本身就会给我们带来很大的乐趣。相反，如果驱使我们的是外部因素，我们就容易被左右，甚至成为它的奴隶，因为外部因素是我们难以控制的，它很容易偏离我们内心的期望，使我们的情绪起伏不定，令我们在活动中的努力程度也因此而降低。

在现实生活中，普遍可以见到德西效应。就拿我们身边的事情来说吧，如果父母喜欢控制孩子，就容易导致孩子重视外部评价，而不重视自己的内在动机。具体来说，就是如果父母喜欢利用口头奖惩、物质奖惩等来控制孩子，而不重视孩子自己的行为动机，那么久而久之，就容易让孩子忘记自己的原始动机，使他无论做什么事都非常在乎外部的评价。这一点体现在学习中，就是他会忘记学习的原始动机是满足好奇心和学习的乐趣，而只注重分数的高低；体现在工作中，就是他会忘记工作的原始动机是体验成长的快乐，并在工作中找到自己的价值和满足感，而只在乎上司的评价和收入的高低。

人生就是一个体验各种经历的过程，我们要学会享受这个过程，充满好奇地在生活、学习和工作中“为自己而玩”，勇于探索，不惧失败，**找到自己真正热爱的事情并全情投入。**你只管绽放，清风自来。

众生百态：看穿人性本能

knowing your instinct

责任分散效应
“吃瓜群众”害死人

“责任分散效应”又叫“旁观者效应”，指的是一种由于情境中他人的存在而导致责任感降低的社会心理学现象，即如果个体被要求单独完成某项任务，那么个体的责任感往往会很强，而且能够做出积极的反应；可是，如果是一个团体被要求共同完成某项任务，那么群体中的每个个体的责任感都会减弱，在遇到什么困难或责任时，每个个体几乎都会退缩。换句话说，就是个体对待一件事情的态度，与团体里的个体对待这件事情的态度往往是截然不同的。

这一效应的提出，始于1964年3月13日发生在美国纽约皇后区克纽公园内的一桩凶杀案。

在这天凌晨大约3点时，28岁的酒吧经理基蒂·吉诺维斯下班返回自己的住处克纽公园，谁知在公园内竟然遭到了一个歹徒的恶意袭击。那个歹徒手持凶器，一把抓住了她，在她的后背上猛刺了几刀。她惨叫着倒在地上，绝望地大声呼救：“杀人啦！救命啊……”附近的住户听到一连串的喊声，陆续打开了灯，透过窗户隐约看到了外面的情况，其中一位住户还大声警告那个歹徒："哎，放开那个姑娘！"歹徒听了，吓得跑到停在路边的一辆白色雪佛兰轿车里，沿着街区向后倒车，然后消失在黑夜里。基蒂·吉诺维斯挣扎着站了起来，向自己的住所走去。

谁知当一切恢复平静时，歹徒又一次出现在公园内，好像在四处寻找着什么。有一位名叫克什金的住户在黑暗中看见了他，想要报警，却被妻子劝阻了："我看就算了吧，警察局现在肯定已经接到了不下 30 个报警电话。"歹徒顺着血迹，找到了基蒂·吉诺维斯，继续向她行凶。基蒂·吉诺维斯连忙呼救，附近的住户又打开了电灯，于是歹徒又吓得逃走了。基蒂·吉诺维斯此时的伤势更重了，可是当时却没有一个人走出来救治她，她只好继续挣扎着向自己的住所走去。在走到住所一楼的门厅里时，她终于支撑不住，倒在了地板上。这时，歹徒又一次返回，循着血迹找到半昏迷的她，先强奸了她，接着从她的钱包里取走了 49 美元，然后又捅了她几刀，这才扬长而去。

在这次袭击过程中，基蒂·吉诺维斯再次大声呼救，邻居们虽然听到了她的声音，却没有人及时赶来保护她，甚至连一个打电话报警的人都没有。最后，终于有一个人打电话报了警。警察在接到电话之后的两分钟内就赶到了现场，可是这时身中 17 刀的基蒂·吉诺维斯早就已经气绝身亡，凶手也不知所终。

事后，警察展开了调查，结果发现，在这起总共持续了大约35分钟的袭击事件中，克纽公园里至少有38位住户听到了基蒂·吉诺维斯的呼救声，还有很多人亲眼看到了她被袭击的情形，可是当时却没有一个人下楼去援救她，最终只有一位住户报了警。一位警方人员遗憾地向媒体表示，基蒂·吉诺维斯第一次遇袭时所受的几处创伤并不是致命伤，如果当时有人及时报警，或是亲自下楼去救治她，不但能够保住她的性命，还能避免后续的袭击事件的发生，可是当时却没有人这么做，这才使得一件原本不该发生的惨剧变成了事实。

这桩凶杀案的细节一经媒体披露出来，立刻在全美国引起了轰动。“电话就在身边，可是为什么没有人打电话报警呢？”这个问题从一开始就困扰着参与案件侦破的警员。一时之间，许多人都感到困惑不解：作为一个文明人，怎么能够在别人最需要帮助的时候选择袖手旁观呢？难道人真的是生性冷漠、缺乏爱心的动物吗？还是城市使人变得麻木不仁？在1964年3月27日出版的《纽约时报》的头版头条，甚至出现了这样一篇具有讽刺意味的报道：“在半个多小时内，皇后区的38位遵纪守法、人格高尚的居民竟然能够眼睁睁地看着一个手无寸铁的女人被捅死……”

难道克纽公园附近的居民们真的是见死不救、缺乏爱心、良心泯灭、道德沦丧之人吗？约翰·巴利和比博·拉塔内这两位年轻的社会心理学家对这种一概而论的说法提出了质疑。他们都认为，一定有另一个深层的原因能够解释人们在面对凶杀案时为什么会无动于衷。为了证实这一点，他们经过好几个星期的周密筹划和精心准备，启动了一项实验，研究旁观者在面对紧急情况时的反应问题。于是，实验人员按照两位心理学家的要求，随意抽调了 72 名不知就里的大学生，将他们分成 1 个人一小组和 4 个人一小组，然后发给每个小组一个对讲机，以便那些事先安排的假癫痫病患者能够与他们保持联系。实验结果显示，当假癫痫病患者通过对讲机大喊救命时，在进行 1 对 1 通话的受试小组中，有 85% 的人会立刻冲出工作间，去报告有病患发病了；而在进行 1 对 4 通话的受试小组中，却只有 31% 的受试者采取了行动！后来，这两位心理学家又做了几十次不同的实验，也得出了同样的结果。这种结果说明了克纽公园附近的居民并非全都是道德沦丧之人。

实验结束之后，这两位心理学家把这种“有多个旁观者在场却没有一个人给受害者提供帮助”的现象称为旁观者效应，并对这一效应进行了这样一番概括：在出现突发情况时，如果当时只有一个旁观者在场，那么这个旁观者一般都会主动提供帮助；可是，如果有两个或更多的旁观者在场的话，这些旁观者的救助行为就会受到抑制。

心理学家们由此认为，人们没有及时提供帮助的原因，在于许多人都有一种“也许其他旁观者会帮助受害者”的想法，而当人们普遍都对别人抱有这种良好的期望时，就会认为自己没有给受害者提供帮助的必要，每一个人都认为别人会提供帮助，导致了谁也没有真正给受害者提供帮助。而且，旁观者越多，受害者获得救助的可能性就越小。旁观者效应产生的根源在于责任分散。具体来说，就是旁观者越多，每个人认为自己应该肩负的责任就越小，因此给受害者提供帮助的可能性也越小。

这一点并不难理解。在周围没有其他人时，当事的旁观者只要稍微具有一些社会公德心的人，往往都会想到“除了自己，没有人会去帮助受害者”，进而清醒地意识到自己对受害者负有不可推卸的救护之责，如果这时见死不救的话，那么当事的旁观者往往需要付出很高的心理代价，比如产生深重的罪恶感和内疚感等，所以在这种情况下，当事的旁观者提供援助的情况会比较多。可是，当周围有很多人时，每个旁观者则几乎都会受到利他主义动机、社会比较理论、从众心理、道德因素、法不责众心理和人际关系相互作用等心理因素的影响，自动地把援助受害者的责任分散到所有人的身上，导致给受害者提供援助对每个人来说好像都变成别人的事，以至于有许多旁观者甚至把自己原本应该承担的那一份责任也给忘了，反倒产生了“肯定已经有人去救了，我根本不必出面”这种心理，这才造成了“集体冷漠”的局面，进而导致最终竟然没有一个人向受害者伸出援手的严重后果。

就拿这个凶杀案中的目击者来说吧，在配合警方调查时，有一对夫妇就曾经表示，当时他们以为早已有人报了警，因此并没有在意这一点，反而把椅子移到了窗户跟前，以便更清楚地观看这一暴力事件。另外一些人也表示，他们都觉得其他人应该已经报警了，所以他们才没有产生要立刻挺身而出的冲动。

无独有偶，2011 年 10 月 13 日，在广东佛山某五金城内，两岁的女童小悦悦连续被两辆车碾轧，虽然在短短 7 分钟的时间内相继有 18 个人从旁边经过，但是最终停下来出手相救的人却一个也没有，甚至连一个报警电话都没有人打过。

那么，如何才能摆脱这种让悲剧一再上演的可怕效应呢？

作为一个求救者，在向众多旁观者求救时，要避免“请帮帮我”这样宽泛的呼救，尽量将求救对象和行为具体化，比如：“那位穿红衣服的大哥，请你帮我拨打 110”，这时就将一个有众多旁观者的情况变成了单独个人的责任了，责任具体化，获得帮助的可能性才会比较大。如果这样仍不见效，就要想办法把旁观者变为当事者，把他拉进事件中，扩大事件影响范围。例如，如果你被匪徒打劫求救不成，你可以抢夺路人的手机或者破坏路人的车辆，由于物品贵重，路人与你发生争执，事件范围扩大，引起的关注度变大，获救的可能性就变得大了。

作为旁观者，不要存在一种我不帮别人会帮的侥幸心理，因为别人也可能是这么想的，要主动地提供帮助，旁观者效应才能从根本上得到改变。

搭便车效应
"躺赢心理"不可取

"搭便车"原本是西方新制度经济学中的一个术语，最早是由美国经济学家曼柯·奥尔逊于1965年提出来的，基本含义是"不付出相应成本而坐享他人之利"，也就是现在流行说的"躺赢心理"。具体来说主要指这样一种情况：在团队协作中，由于团队成员的个人贡献与所得报酬没有明确的对应关系，所以每个成员都有减少自己的成本支出而坐享他人劳动成果的机会主义倾向，即未付出或只付出了较小的必要成本，却依靠某种不易察觉和度量的便利条件，获得了与成本无关或极不相称的报酬和利益，致使团队的所有成员都逐渐丧失努力工作的积极性。简单来说，就是在集体行动中，不付成本而坐享他人之利的现象。

"搭便车效应"的正向发生可以带来"正外部性"，即个人为了自己的利益而采取行动，在客观上也为其他人带来了好处。比如，你买来烟花在院子里燃放，当烟花在空中绽放时，不但你会觉得快乐，你周围的人也会跟着觉得高兴；养蜂人在获取蜂蜜的同时，也为果农的果园带来了传播花粉的好处。德国的高福利政策，也是搭便车问题的一个典型案例：由高收入者向国家缴纳高额税收，而那些低收入者则不需要缴纳这么高的税，但是也依然可以像高收入者一样享受医疗、教育等方面的高福利待遇。

“搭便车效应”也会带来负面效应。就拿我们常见的假冒伪劣商品来说吧，那些制假造假的人之所以会模仿驰名商标的设计，就是为了搭驰名商标的班车，达到谋取私利的目的。人的“利己”“理性经济人”的特性决定了，在集体行动中，每一个人都可能想让别人去付出努力，达到共同目标后而坐享其成，典型如“没水喝的三个和尚”“滥竽充数的南郭先生”等，这就是“搭便车效应”的负面影响。

由于公共设施和公共服务等具有非排他性和非竞争性，即便是那些未曾做出贡献的人，也可以享用它们，最容易陷入“搭便车困境”。然而当搭便车的人越来越多时，就会引发公共物品折损严重、得不到足额供应或者公共服务效率降低、质量降级等损害到所有人的利益的状况。最终会导致公共事务乏人问津，大家都无车可搭。

搭便车产生的根源是缺少公平的考评机制，忽略了勤劳者的努力和付出，间接鼓励了搭便车者的懒惰和投机意识。怎样避免和杜绝搭便车现象呢？必须要让获益团体内的所有人都意识到这一点：如果每个成员都共同努力，那么个人成本就会降至最小；也只有大家联手行动，才能获得共同利益。除了完善相关制度外，尽量为团队的每个成员设置具体的可量化或可视化的目标任务，可以在一定程度上减少成员个体偷懒耍滑的行为。

以现在很多城市力推的“垃圾分类”为例。节约资源、保护环境是社会全体成员获益的事情，为此需要每个成员都自觉做好垃圾分类。但由于垃圾分类太过麻烦，浪费时间，也不会给个人带来任何直接的利益或价值，就会有居民想要“搭便车”：他们寄希望于其他人都会做好垃圾分类，而自己未分类的垃圾混在其中也不会产生太大影响。然而人人都想坐享其成不劳而获，但节约资源的功效并没有那么快立竿见影，那些认真做好垃圾分类的居民付出没有得到及时、有效的反馈与回报，也慢慢失去了持续做好垃圾分类的动力。

为了解决这个困境，北京某小区除了加强宣传提供公民环保意识之外，在小区公告栏张贴了一张记录表，每日对小区全体住户的垃圾分类情况进行记录。那些在小区里遛弯的大爷大妈，路过公告栏就能看到。今天 6 栋 405 的大妈看到记录表上隔壁 404 被标上了代表优秀的小星星，而自己没有，转身就回去找小区环保人员询问原因。自从运用了这种可视化、具体到每一个住户的考量记录后，小区的垃圾分类工作做得越来越好了。

破窗效应
小问题不解决容易变成大问题

1969 年，美国心理学家菲利普·辛巴杜做了一项实验。他准备了两辆一模一样的汽车，将其中一辆停放在纽约一个环境相对脏乱的贫民区，并把车牌摘掉、顶棚打开；却将另一辆完好无损地停放在加州一个环境很好的中产阶级社区。结果，停在贫民区的那辆车当天就被偷走了，而停在中产阶级社区的那辆车几天之后依旧完好无损。后来，辛巴杜用锤子将那辆完好无损的汽车的玻璃敲了一个大洞，谁知这辆车很快也被偷走了。

这种现象真是令人费解，应该如何解释它呢？1982 年，美国政治学家詹姆斯·威尔逊和犯罪学家乔治·凯林以菲利普·辛巴杜的实验为基础，提出了著名的“破窗理论”：如果有人打坏了一幢建筑物的一块窗玻璃，而这扇破窗户又没有及时修好，那么别人很可能会仿效，纵容自己打破更多的窗玻璃。像这样一种现象，犯罪心理学称之为“破窗效应”。

这一效应在日常生活中普遍可见，其中“第一扇破窗”

是事态恶化的起点。比方说，如果一幢无人居住的房子有一扇窗户的玻璃被打破了，却一直没有人把它修补好，那么要不了多久，其他窗户的玻璃也会莫名其妙地被打破，甚至还有人大胆地闯进去，在里面定居或搞更大的破坏……当雪白的墙壁上出现第一块涂鸦，却没有被及时粉刷干净时，其他人也会效仿，在墙壁上乱涂乱画，而且不觉得羞愧，于是过不了多久，墙壁上就会布满不堪入目、乱七八糟的图案。当第一个人抄近路跨越栅栏时，很快就会有许多人效仿他的做法，也从栅栏上跨过去，而不会觉得不好意思，结果让交通变得混乱起来。你到朋友家做客，如果朋友家收拾得非常干净，地板上纤尘不染，可是朋友却忘记了准备烟灰缸，那么在点燃香烟之前，你一定会问他有没有烟灰缸，而不会径直抽起烟来，更不好意思弄得到处都是烟灰，也不会随手乱扔烟头。可是，如果朋友家又脏又乱，你可能就不会觉得抽烟有什么不妥，理由是“反正这里本来就又脏又乱，所以我再扔一些垃圾也不算什么”！

为什么会产生“破窗效应”呢？心理学家认为，**人们对完美的事物会产生爱惜的心理，不愿轻易地去破坏它们，可一旦事物不再完美，这种珍惜的心理就不复存在。**而任何一种不良现象的存在，都在传递一种不良信息，如果放任这种不良现象，人们就会受到它的暗示和诱导，去仿效那些不良行为，甚至变本加厉，进而导致犯罪的滋生和猖獗，乃至引起社会的动荡不安。

破窗理论强调从小事抓起，对那些看似偶然、个别、轻微的“过错”提高警觉，注意防微杜渐，不可熟视无睹、反应迟钝、纠正不力甚至不闻不问，否则就有可能出现“千里之堤，溃于蚁穴”的结果。要想消除破窗效应所带来的各种问题，也可以从破窗效应入手，即从问题的小切面入手，终止愈演愈烈的不良行为。

美国纽约曾经以脏、乱、差出名，也正因为环境恶劣，因此当地的犯罪率一直居高不下。其中以地铁的情况尤其严重。据统计，地铁里平均每7名逃票者中就有一名是通缉犯，每20名逃票者中就有一名是武器携带者。1994年，布拉顿出任纽约市交通警察局局长。他受到“破窗理论”的启发，一边全力打击逃票活动，一边整治地铁的环境。他命人清洁车厢、站台、阶梯、街道。当街道变干净时，社区也逐渐变得干净起来，以至于整个纽约都变得既整洁又漂亮。与此同时，地铁站的犯罪率也逐渐下降，治安明显好转。到1996年布拉顿卸任时，纽约市的谋杀案发生率降低了39%。在过去的25年里，这座城市还从未这么安全过，因此布拉顿成了纽约的大明星、大英雄，登上了《时代》杂志的封面。

布拉顿的举措看似微小，却大大地减少了刑事犯罪，同时也显示了小奸小恶是暴力犯罪的温床。所以，我们要持续改进和优化我们身边的环境，从自身做起，注意自己的言行，主动修补身边的各种“破窗户”，营造良好的人文环境和自然环境，激发人们向上向善的强大心理力量。

名人效应
让群众为之疯狂的心理现象

所谓“名人效应”，是指名人的出现所达到的一种引人注意、强化事物和扩大影响的现象，或人们争相模仿名人的言行的一种现象。

名人效应跟权威效应一样历史悠久。就拿从古代一直延续到民国时期的女子缠足习俗来说吧，很可能就是名人效应作用的结果。

关于女子缠足习俗的起源，历来说法不一，其中一种说法就是始于南唐后主李煜。据说，李煜的嫔妃窅娘不但貌美如花，而且身轻如燕，能歌善舞。她最擅长跳金莲舞，跳舞时的俯仰摇曳之态楚楚动人。最引人注目的是她的两只脚上都裹着白帛，脚形娇小可人，这衬托得她整个人看上去就像一朵出水芙蓉一样美丽，因此李煜非常宠爱她。古语有云：“上有好者，下必甚焉。”裹足的做法也不例外。宫女们见窅娘的舞姿如此婀娜多姿，她的小脚更是深受皇帝的喜爱，都认为小脚很美丽，于是纷纷仿效，缠足的做法从此传播开来，让中国古代的广大女性深受其害。直到民国时期，这一陋俗才被废止。

由此可见，名人效应的影响力是不容小觑的。

为了证实名人效应的存在，美国一些心理学家曾经做了一个实验。他们从外校请来一位普普通通的德语老师，然后对一些心理学系的学生说这位德语教师是德国一位著名的化学家，然后请这位德语教师给学生们上课，实验也就此开始。在课堂上，这位“化学家”拿出一个装有一些透明液体的瓶子，煞有介事地说这是他刚刚发现的一种略有气味但对人体无害的化学物质，他想借这种化学物质测试一下大家的嗅觉是否灵敏，如果在座的同学有谁闻到了它的气味，请举起手来，结果大多数学生都把手举了起来。事实上，那个瓶子里装的透明液体只是蒸馏水而已，可是由于许多学生受到了“这位德语教师是德国著名的化学家”这一信息的暗示，所以他们还是盲从了那位德语教师，认为那些蒸馏水是有气味的。由此可见，名人效应确实是存在的，它会对人们产生暗示作用，让人们盲目地信服和顺从那些名人。

在现实生活中，也普遍可以见到名人效应的影子。尤其在当今社会，名人应该可以说已经在各个方面都产生了深远的影响。比如，2022年央视春晚小品《喜上加喜》的表演者之一张小斐，曾凭借电影《您好，李焕英》而名声大噪，这次在亿万观众面前表演小品，她的一举一动都引起了众人的瞩目。在这个小品里，张小斐穿了一件漂亮的绿色新款大衣成了人们谈论的焦点，就因为她是热点人物，粉丝众多，所以网店销售的同款大衣顷刻间就卖断货了。

为什么人们会如此盲从名人呢？名人之所以能够成为名人，是因为他们在某一领域有过人之处，是某些人心目中的偶像，因此而具有一定的影响力和号召力。

下面这一则笑话就很好地体现了名人效应的巨大作用。

某出版商有一批图书销路不畅，为了将这批图书脱手，他想了许多办法，可是都不奏效，后来他突发奇想，给总统送了一本样书，并三番五次地去征求总统的意见。总统公务繁忙，不愿意跟他纠缠不休，就随口说：“这本书还不错。”得到这个回答之后，这位出版商打出了这样的广告：“出售总统喜欢的书，欲购从速。”结果这批图书很快就卖光了。

后来，另一批图书也卖不出去，这位出版商就故伎重施，又给总统送了一本样书。总统上了一回当，想反击他一下，就说：“这本书实在太差劲了。”这位出版商听了这一回答，不但没有受挫，反而灵机一动，又打出了另一个广告：“出售总统讨厌的书，欲购从速。”这一广告不但引起了人们的注意，还激起人们的好奇心，因此这批图书也很快卖光了。

又过了一段时间，这位出版商给总统送去了第三本样书。总统吸取了前两次的教训，没有对那本书做任何评价，心想出版商这下子总没有什么文章可做了吧。可出人意料的是，出版商却照样借此做了文章，这一次他打出的广告是这样的：“出售令总统也难以下定论的书……”谁知这批图书再次被抢购一空。这位出版商借着总统的名声大赚了一笔，弄得总统哭笑不得。

也正因为名人效应具有这么大的影响力，所以许多商家才会请大明星为自己的产品代言。不过，名人效应并不是万能的，它的作用也会随着时间的推移而逐渐减弱，有时甚至会起反作用。就拿名人广告来说吧，它的负面影响是比较典型的。一是有可能喧宾夺主。如果广告中没有一个强有力的诉求点来支撑产品本身的话，那么广大受众的注意力很可能会转移到名人身上，而忽略产品本身。二是过度转换削弱广告效果。一些名人不顾自身形象与所代言的产品有没有关系，就随便接拍各种广告，以至于引起人们的反感和怀疑，这样不但会削弱广告效果，也会令名人自身的价值受到贬损。三是当名人“过气”或犯错时他们所代言的产品也会跟着受牵连。在现代社会，随着媒体的日益发达、价值观的多元化和生活节奏的加快，出名变得越来越容易，但“过气”的速度也随之加快。名人一旦“过气”，由他代言的产品就会受到牵连。四是有些名人会为了个人私利去拍虚假、违规的广告，给社会造成了极大的危害和恶劣的影响，这一点在与医药、保健品等方面有关的广告中体现得尤其明显。

总而言之，名人效应是一把“双刃剑”，在利用名人做广告时，只有在产品和名人之间找到合适的关联点，并处理好各个方面的利益和关系，规范市场运作，加强市场监管，才能避免受到名人效应的负面影响，否则不但名人自身会受到损害，商家、广告商和消费者也同样会被殃及，尤其是消费者。所以，无论是商家、广告商还是消费者，在面对名人时都应该保持理智，不能盲目地追随。尤其是青少年正处于成长阶段，认知和心理容易受外界的影响，容易盲目追星，家长和教师要根据他们对名人的崇拜心理，善加利用，树立优秀榜样，因势利导，取得理想的教育成绩。

禁果效应
越是禁止的东西，人们越想得到

在古希腊神话中，有一位姑娘名叫潘多拉，她是火神赫菲斯托斯用黏土做成的第一个女人。众神为了惩罚普罗米修斯偷盗天火给人类的行为，赋予了潘多拉诱惑男人的力量，还赠予她许多其他的技能，只有智慧女神雅典娜拒绝给予她智慧，所以潘多拉行事向来都是不经思考的。主神宙斯送给潘多拉的是一个小匣子，让她送给娶她的男人。这个小匣子看起来非常漂亮，却是最危险的礼物，因为里面装着各种精通魔法的邪灵，只要有人打开它了，那些邪灵就会跑出来危害人间。因此，普罗米修斯告诫潘多拉千万不要打开这个小匣子。可是，潘多拉却禁不住好奇心的驱使，打开了那个小匣子，于是各种灾难就降临到人间。也正因为如此，人们才称潘多拉的那个小匣子为“潘多拉魔盒”，意指会带来灾难和不幸的东西。

潘多拉的那种好奇心理，正好应了这样一句谚语：“禁果格外甜。”“禁果”一词源自《圣经》。《圣经》上说，夏娃被魔鬼撒旦的化身蛇引诱，不顾上帝的禁令，偷吃了神秘的智慧树上的果子，具有了区分善恶、美丑等事物的能力，因此受到上帝的惩罚，被贬到了人间，饱受各种苦难。后来，人们就用偷吃“禁果”来比喻那些因被禁止而更加令人向往的东西。像这种因为“禁果”而生出逆反心理的现象，心理学上称之为“禁果效应”。

在现实生活中，我们常常能够看到禁果效应的影子。**越是禁止的东西，人们越想得到。**比如，当两个年轻人相恋时，双方父母干涉得越多、反对得越强烈，恋人之间的关系反而越牢固。像这种因恋情受阻而爱得更深的例子，无疑是禁果效应的一个典型案例，因此人们又称禁果效应为“罗密欧与朱丽叶效应”。

禁果效应是如何产生的呢？原因主要有四个。

第一，人们都有一种独立自主的需要，并相信自己对自己的行为拥有控制权，而不愿意当一个受人摆布的傀儡。一旦自己的自由受到限制，或是别人替自己做出了选择，人们就会认为自己的主权受到了威胁，因而觉得心里不舒服，进而产生抗拒心理，而这样一种心理无疑会促使人们采取对抗的方式去“犯禁”，越是被禁止、被限制的东西，越能激发人们的叛逆心和反抗性，也越会让人们想要尝试一下。

第二，从认知平衡的角度上说，人们往往会从内外两方面来解释自己的行为，当外在理由消失时，人们就会从内部去寻找自己做某件事的理由，反之亦然。比如，恋爱双方之所以渴望接近对方，是因为双方内在的情感因素以及外在亲友的支持，一旦亲友对这种恋爱关系持否定态度，恋爱的外在理由就会削弱，导致恋爱双方的认知出现不平衡，所以他们只好把内在的情感因素升级，以解释自己对对方的爱恋行为，以便自己的认知重新归于平衡状态。

第三，越是难以得到的东西，人们就越觉得它们珍贵、有价值、值得追求，因而不愿意失去它们，甚至为它们牺牲性命也在所不惜；而那些能够轻易得到，或是已经得到的东西，却往往容易被人忽视。也正因为如此，才有了“得不到的才是最好的”这句俗语。

第四，与那些能够轻易接触到的或完整的事物相比，那些无法知晓或不完整的“神秘”事物对人们往往更有诱惑力，更能激发人们产生接近和了解它们的渴望和诉求。我们常见的“吊胃口”“设悬念”“卖关子”等手段，就是利用了人们期待了解完整的信息的心理。一旦那些重要信息在人们心中形成了空白，就会强烈地刺激人们把这些空白补充完整。

我们在日常生活中善加运用禁果效应的作用机制，就可以使其消极影响转化为积极影响。例如：平息流言，封锁消息不如公开透明；教育孩子，高压禁止不如因势利导；销售产品，打折倾销不如限量发行；追求恋人，保持距离胜过穷追猛打；等等。

配套效应
不要陷入“完美”的陷阱

丹尼斯·狄德罗是18世纪法国杰出的启蒙思想家、哲学家、美学家。一天，一位朋友送了一件睡袍给他。这件睡袍是酒红色的，质地考究，做工精致，看上去非常高雅。狄德罗非常喜欢它，就把自己原来的睡袍扔到一边，穿上了这件高雅的睡袍。可是，在这之后，他却总感觉屋里的家具与这件睡袍不搭配，地毯的针脚也粗得要命。为了让睡袍与周围的环境风格一致，狄德罗把家里的旧家具全都换成了新的。这么一来，家里的摆设总算配得上睡袍的档次了，可是狄德罗却依旧觉得心里很不舒服，因为他发觉自己的生活竟然被一件睡袍左右了。为了发泄内心的这种不快之感，狄德罗写了一篇名为《告别旧睡袍之后的烦恼》的文章。

狄德罗只是换了件新睡袍，可是为了让家里的摆设与它相配，狄德罗冲动地换掉了家里所有的旧家具。不仅狄德罗如此，其他人也会这样。针对这一心理现象，美国经济学家朱丽叶·施罗尔提出了一个新概念——“狄德罗效应”。

狄德罗效应又叫“配套效应”，专指人们在拥有了一件新物品之后，为了求得心理上的平衡，会不断地配置一些与这件新物品相适应的东西。

配套效应作为一种普遍现象，无疑有其合理性和积极作用。比如，我们自己也曾经都有过因为买了一双鞋而考虑搭配什么样的衣服、包包的经历。人的审美上都有对局部和整体、个体和环境之间协调的心理需求，当它们之间不协调时，人们会感到不美观不舒服。所以配套效应是具有一定的积极影响的，只要运用得当，我们可以借助这种效应营造美好和谐的生活。不过，人们往往只注意到配套效应的合理性和积极作用，而忽视了它的消极作用。在现实生活中，我们也能看到配套效应的消极影响在起作用，那就是即便没有什么需要，人们也会仅仅为了“配套”而不断地购买非必需品。改革开放以前，由于国内消费品短缺，再加上意识形态的影响，所以“配套效应”的影响还不明显。当时的人在消费时主要考虑的是解决物品短缺问题，而不是物品之间的统一和协调问题。比如，人们买了桌子之后再买椅子，只是为了实现一家人坐在一起吃饭的愿望。随着人民生活水平不断提高，人们才逐渐注重物品之间的统一和协调问题，甚至希望各种消费品之间都能配套，进而发展到不再考虑是否“需要”，而只考虑是否“配套”。

于是，许多商家利用了这种心态。他们注意到人们越来越重视各种消费品之间的搭配是否和谐，推出了款式和色系相互搭配的一系列服饰，比如看上去非常协调的帽子、围巾、上衣、裤子、袜子、鞋子、首饰等。消费者见到这种搭配，常常会冲动地把一整套都买回来，导致过度消费。

既然配套效应多少都会对人们产生影响，那我们就尽量将这种影响控制在自己能接受的范围内,这个世界没有绝对的“配套”，如同这个世界不会有绝对的“完美”。有的时候追求完美反而远离了幸福。

一天，几位学生怂恿苏格拉底去逛街。他们异口同声地说：“集市里有数不清的新鲜玩意儿，而且衣、食、住、行、用各方面的物品样样俱全，保证您能满载而归。”苏格拉底考虑了一会儿，最终采纳了学生们的建议，去街上逛了逛。第二天，学生们一见到苏格拉底就围了上来，热情地请他谈一谈他在街上有什么收获。苏格拉底顿了顿，然后看着学生们说：“我此行的最大收获，就是发现世上竟然有这么多我不需要的东西。”随后，苏格拉底教育学生说：“当我们为了奢侈的生活而奔波时，其实我们已经逐渐远离了幸福生活。说到幸福生活，它并不像人们想的那么抽象而又遥不可及，而是非常简单的，那就是生活必需品一个都不少，非必需品一个也不多。我们在做事时要知道自己的不足之处，做学问要不知足，但是做人却要知足，这样才能充实而又愉快地过好每一天。”

棘轮效应
由俭入奢易，由奢入俭难

“由俭入奢易，由奢入俭难。”这句话出自司马光写给其子司马康的家书《训俭示康》，目的是告诫司马康要保持勤俭节约的传统美德，不可沾染纨绔之气。而这句话恰好能阐述心理学上所说的“棘轮效应”。

“棘轮”是一种有单向齿的齿轮。它的特点是只能向一个方向旋转而不能倒转。棘轮效应又叫制轮作用，是经济学家杜森贝提出来的，其大致观点是：“当消费者的收入水平发生变化时，其消费水平必然会立刻随之发生变化。当收入水平提高时，消费者会增加消费；可是，当收入水平降低时，消费者却难以减少消费。”也就是说，人的消费习惯具有不可逆性，“上去容易下来难”。英国经济学家凯恩斯认为人的消费是可逆的。杜森贝不赞成这种观点，他认为人的消费习惯取决于生理需求、社会需求、个人经历等诸多因素的影响。尤其收入最高时达到的消费标准，它对一个人的消费习惯的形成具有非常重要的作用。

随着现代社会的不断进步，人们想要逐渐提高自己的生活水平无可厚非，可是如果欲望过度膨胀，就要警惕跌入欲望的深渊。司马光在《训俭示康》中说的情况：“君子多欲，则贪慕富贵，枉道速祸；小人多欲，则多求妄用，败家丧身。是以居官必贿，居乡必盗。”装着棘轮的欲望快车，并不是通向幸福的终点站。

著名文学家普希金写过一篇童话，叫《渔夫和金鱼的故事》。渔夫意外捕获了一条会说话的金鱼，金鱼哀求说将它放生便会满足渔夫的愿望。渔夫的老伴最初只想要一个木盆，随着金鱼满足了她的要求后，她开始不可遏止地生出一个又一个不断膨胀的欲望，从一座木屋再到变为贵族，以至于想要成为女王。老太婆的贪得无厌，最终使得金鱼不再理睬，渔夫夫妇又回到了从前的贫苦生活。

西方一些成功的企业家，为了整个家族能够健康长久地传承下去，会刻意采取措施遏制棘轮效应在家族承继过程中产生不良影响。比如，比尔·盖茨个人资产总额达460亿美元，可是在接受媒体采访时，盖茨夫妇却表示，等他们过世之后，他们的三个子女只能继承几百万美元的遗产，其余的遗产将全部捐献给慈善事业。盖茨认为，给站在人生的起跑线上的孩子留下很多遗产并不是一个明智之举，只会让孩子养成不劳而获的恶习。

棘轮效应还常出现在评价体系中，例如企业里每年提升的绩效考核指标和家长们给孩子制定的学习目标等。这种永无止境的“更高更强”的要求让人产生巨大的压力，有的孩子甚至因此产生厌学情绪。了解棘轮效应的作用，在于帮助我们更好地制定衡量标准。无论是对他人的要求或评价还是对自己的生活水平、消费习惯，在考虑历史水平的同时，别忘了还有另一个角度，就是停止被那个永远向前的棘轮摆布，站在当时当下的位置给出一个中正的衡量标准。

霍布森选择效应
教你怎样识破商家的消费陷阱

在 17 世纪的英国，有一个马匹商人名叫霍布森，他在出售马匹时向顾客承诺，无论是购买还是租用他的马匹，价格都非常便宜。不过，与此同时，他还附加了一个条件，那就是只能在马圈的出口挑选马匹。霍布森的马圈非常大，可是马圈的出口却很小，能够来到出口的那些马都是一些又瘦又小的劣马，所以虽然马圈里有很多体形高大的马，但是人们买不到。

霍布森虽然给顾客提供了很多选择，可是同时也附加了条件，说白了他其实并没有让顾客随意选择。像这种实际上并没有多少选择余地的所谓“选择”，被人们讽刺地称为“霍布森选择效应”。

人们挑来挑去，以为选择了自己满意的马匹，实际上却只是选择了霍布森让他们选择的马。因为霍布森提供给人们的选项是被他筛选过的选项，他所谓的“自由选择”只是一个陷阱。现实生活中我们可能一不留神就陷入了“霍布森选择”陷阱，但许多人并没有意识到。比如，咱们经常遇到品牌打折销售。人们被打折信息吸引进了店铺，店铺里的货品也很多，这个时候有的顾客脑子发热，兴致勃勃地选购了很多，也有细心一点的顾客会发现，货品虽然多，却没有该品牌当季的热销款。原来，打折的商品往往是过季或者临过期的，商家给你的选择都是他想让你选择的。

更常见的“霍布森选择”陷阱是，拥有更多权利的人用这种方式不给别人选择，还营造出一种“自由选择”的假象。

例如，假日里，孩子想出去玩，家长跟孩子说：“你必须做完练习才能出去玩。你要么练一个小时钢琴，要么练一个小时毛笔字，你看看你愿意选择哪一样。”看上去家长给了孩子选择的权利，但实际上这两个选择都不是孩子想要的。

霍布森选择的构建需要满足两个条件：

1. 构建出一种当事人不得不做出选择的情景或环境。如上个例子中的孩子。
2. 操控者操控当事人可以选择的选项。当当事人不得不在操控者构建的情景中进行选择时，他只能选择操控者提供的“最优选项”。

霍布森选择迷惑人的地方在于：

1. 它确实赋予了你自由选择的权利。
2. 它确实给你提供了不止一个选项。

只要掩饰和选项设置得当，当事人便被操控者牵着鼻子走。整个过程中，操控者并没有胁迫行为，当事人却主动做出了操控者最期望他们做出的选择。可悲的是，当事人还以为他们的选择是自己独立判断的结果。

一切的关键在于：赋予当事人选择的权利，然后剥夺当事人选择更多选项的权利，让他们只能在操控者限定的框架内进行选择。

既然如此，我们应该如何避免霍布森效应的影响，识破现实中的各种陷阱，做出明智的选择呢？

1. 冷静客观地分析事物的实际情况，确认自己的权利边界，勇于维护自己的权益。
2. 警惕他人给出的封闭式选择。对于普通的个人来说，当面对他人设定的封闭式选择时，就要警惕是否陷入了霍布森陷阱，对方给出的选项是否是全部可能的选项？对方的选项是否已经被筛选过？在条件允许的情况下，我们可以提出自己的意见来打破对方给出的封闭式选择。

凡勃伦效应
为什么有人会“只选贵的，不选对的”

托斯丹·邦德·凡勃伦是美国伟大的经济学巨匠，被人们称为制度经济学的鼻祖。他著有数部经济学著作,其中最受欢迎、流传最广的是《有闲阶级论》，他以一位辛辣的社会批评家的身份而为普通公众所熟知。凡勃伦所谓的有闲阶级，指的是杜绝所有具有实际价值的工作，只从事政治、战争、宗教、运动比赛等荣誉性或非生产性工作的上层阶级，他们的特点是只沉湎于浪费的或无用的事物当中，其目的只是炫耀自己，以求受到别人的尊敬。有闲阶级的消费也总是倾向于买贵的东西，以此来达到“炫耀”的目的。《有闲阶级论》的核心内容，正是有闲阶级的消费观，用一句话来概括就是：“一些商品的价格定得越高越好卖。”由于这一炫耀性的消费现象是凡勃伦最先注意到并提出来的，因此人们称其为“凡勃伦效应”。

在私有制的影响下，人们占有财富的真正动机不再仅仅是获得物质需要和享受，还有获得心理上的满足，达到赢得荣耀的目的，实现歧视性对比。因此，我们在生活中才会经常看到许多奇怪的经济现象。比如，款式、质地相当的皮鞋，在平价鞋店里卖几十元，在大商场里标价几百元，可是依然有许多人会选择去大商场里购买，因为在这些人看来，几百元的鞋更能显示一个人的社会地位。再比如，高级轿车这类能够彰显主人的社会地位的东西，它的价格定得越高，越能吸引消费者前来购买，因为越是高价越能彰显购买者的富有和高贵。

一位商人在一个旅游胜地开了一家珠宝店，售卖各种印第安饰品。当时正值旅游旺季，许多游客都光顾了这家珠宝店。心理学家看到那些价格高昂的银饰和宝石饰品都卖得不错，唯独一批晶莹剔透、价格低廉的绿松石饰品一直无人问津，怎么也卖不出去，不禁感到非常纳闷。为了尽快卖掉这批绿松石饰品，商人想了许多办法，比如把它们摆在最显眼的展示区、加大宣传等，可是依旧很少有人前来购买。

这位商人一筹莫展，苦恼极了，最终决定亏本处理这批绿松石饰品。就在外出采购之前，他给店员留了一张字条："将这批绿松石的售价全部乘以原价的1/2。"几天之后，商人采购归来，发现那批绿松石饰品果然像他预料的那样卖光了。店员兴奋地对他说："自从提价以后，那批绿松石饰品顿时变成了热销货，很快就全部卖出去了。"商人听了店员的话，一下子傻眼了："提价？""是啊。"原来，由于商人当时有些气急败坏，字写得比较潦草，粗心的店员把字条上的1/2看成了2。

绿松石饰品价格低廉的时候销路不好，可是价格加倍之后反倒很快就卖光了，这个案例生动地诠释了什么是凡勃伦效应。

有的商家利用消费者的炫富心态提高产品的“价值”，他们借助各种营销策略为自己的商品或服务打造一个“高贵”的形象，暗示用了这种产品，就是有“格调”、有“品位”、有“文化”的人，从而有效吸引一部分有这种心理需求的客户。值得一提的是，虽然“凡勃伦效应”最初是作为“有闲阶级”的消费习惯被提出，但现实生活中，也有一群并不富裕的人因为“面子”“攀比”等各种原因而购买更贵的物品。

比如，为了买一件像样的衣服，使自己在别人面前“有面儿”，许多普通白领，甚至工薪一族都不惜花掉几个月的薪水。在消费者的这一消费观念的影响下，许多商家都改变了营销策略，致使许多商品的价格越来越高，加重了消费者的经济负担。

在 20 世纪 90 年代，日本国内经济高速发展，迎来了日本国内奢侈品消费市场的爆发，凡勃伦效应在这一时期的日本大行其道。1997 年以来，随着日本“泡沫经济”的破灭，东南亚金融危机的影响，以及日本经济体制所存在的一系列结构性矛盾，日本经济陷入了阶段性衰退，“非理性”购买行为迅速淡出日本市场，随之被“极简生活”“断舍离”等生活理念替代。

沉锚效应
不要让第一信息控制自己的大脑

在一座小城里，有两家规模相当的粥铺。由于两家粥店食物的味道、服务质量都差不多，所以店里的顾客人数也相差无几。如果只看顾客人数的话，根本看不出哪一家粥店的营业额更高。可是，每到晚上结算时，第一家粥店的营业额总会低于第二家。这到底是为什么呢？原因只有一个，那就是每当有客人光临时，第一家粥店的服务员总是这样问客人："加鸡蛋吗？"而第二家粥店的服务员则会这样问："加一个鸡蛋还是两个？"

在第一家粥店用餐的客人，考虑的是加不加鸡蛋的问题，而第二家粥店的客人考虑的则是加几个鸡蛋的问题。客人考虑的问题不同，做出的回答自然也不同。在第一家粥店用餐的客人，有的会加鸡蛋，有的则选择不加，总而言之，总有一部分人会选择不加。而第二家粥店的客人往往都会选择加鸡蛋，只是所加的个数不同而已。鸡蛋并不是白送的，一天下来，第二家粥店总能多卖许多鸡蛋，增加了营业额。

人们在进行决策的时候，往往容易受第一印象或第一信息的影响，因为它们带给人们大脑的刺激往往是最强烈、最深刻的，哪怕它们并不能反映出事物的全部，也往往会左右人们的思维活动。第一印象或第一信息就像沉入海底的锚一样，会把人的思维固定在某处。人们一旦接受了第一信息，或是形成了第一印象，就会受到它们的制约，进而产生认知上的惰性，这就是心理学上所说的“沉锚效应”或“锚定效应”。

在沉锚效应的影响下，一个人抛出的第一信息不同，得到的结果自然也不同。还是以粥店为例，第一家粥店抛出的第一信息是：“加鸡蛋吗？”这是一个封闭的问题，顾客往往只能在“加”和“不加”之间做出选择，即便顾客选择了加鸡蛋，往往也只会加一个。可是第二家粥店就不同了，它抛出的第一信息是“加一个鸡蛋还是两个鸡蛋”，这虽然也是一个封闭的问题，顾客往往也只能二选一，但是它其实已经替顾客做出了选择，那就是“加鸡蛋”。一般情况下，顾客都会受到这一信息的诱导，选择加鸡蛋，只不过所加的个数不同而已。当然了，也有一些客人例外，他们识破了店家的目的，知道店家之所以会将客人置于必须消费的境地，就是为了增加营业额，这难免会让他们心生反感，因此他们没有受到服务员的这种问话方式的诱导，最终选择了不加鸡蛋，不过这类客人所占的比例很小。

作为一种心理现象，沉锚效应普遍存在于生活的各个方面，其主要表现形式就是第一印象和先入为主。

为了证明第一印象能够对人们的心理活动产生重大影响，

一位心理学家曾经做了一个实验。他找来智商相当的甲、乙两位学生，给他们出了30道题，让学生甲尽可能地答对前15道，让学生乙尽可能地答对后15道，接着请一组受试者对甲、乙两位学生做出评价，结果几乎所有的受试者都认为学生甲比学生乙聪明。由此可见，第一印象确实能够对人们的心理产生重大影响。在求职面试、找对象时，第一印象所起的作用尤其突出，所以我们要尽可能地给对方留下一个良好的第一印象，以免对方受到沉锚效应的影响立刻否定我们。

当人们需要对某个事件做定量估测时，会将某些特定数值作为起始值，起始值像锚一样制约着估测值；在做决策的时候，会不自觉地给予最初获得的信息过多的重视；在对某一事物进行估算（估计）时，倾向于把对将来的估计和已采用过的估计联系起来，同时易受他人建议的影响。这就是心理学上所说的“锚定”。当人们对某一事物的好坏进行估测时，其实并不存在绝对意义上的好与坏，一切都是相对的，关键看你如何定位基点。基点定位就像一只锚一样，它定了，评价体系也就定了，所谓的“好坏”也是在这个评价体系里评定出来的。

“锚定效应”的作用机制可能起源于大脑对“可控”的本能需求。如果你没有接受过西餐的正统礼仪教育，而你又受邀出席非常高规格的西餐晚会，你会怎么做？绝大多数的人多半会选择“见机行事”：即别人怎么做，我也怎么做。在这样的场景下，“别人”就是锚，他们的举动为你定了位。理解了这样的原理后，我们再回过头来理解“锚定效应”，可能就会更好理解了。

因为我们的大脑极需要一个参照物，没有这个参照物我们就会感到不踏实，以至于难以做判断。而每当参照物出现时，哪怕这个参照物有多么不靠谱，我们的大脑都会觉得这是一根“救命稻草”，以此为准绳，让我们做出一个安心的决策。

正是因为锚定对人们的社会活动具有一定的影响，因此许多商家才不自觉地将它应用在了营销活动中。比如，在推出新产品时，生产商会事先在产品推广计划里对它进行定位，看它适合走高端路线还是低端路线。如果这一产品适合走高端路线，那么生产商往往会投入巨资，要求经销商将它摆放在那些已经被消费者接受的高端产品旁边，或是在机场等高端消费场所开设专卖店。这笔开支虽然比较大，并且人为地提升了产品的价格，但是同时也使得该产品在不知情的消费者心目中树立了一个高贵的形象。近年来，这一营销策略的势头逐渐增长，由此可见它是有效的。相比之下，那些被摆放在不起眼的位置上，与旁边的价格低廉的商品为伍的优质商品，在消费者心目中的定位就差多了。

哲学家叔本华说，阻碍人们发现真理的障碍，并非事物的虚幻假象，也不是人们推理能力的缺陷，而是人们此前积累的偏见。既然沉锚效应对人们心理的影响如此巨大，那么我们就有必要认清它、掌控它，让它为我们服务。

第一，多维度搜集信息，审查自己对各种信息是否给予了同等的重视，避开这些主观因素的锚定作用，以免自己只接受符合自身观点的信息。

第二，尝试从不同的角度看问题，看看有没有其他选择。集思广益，寻求不同的意见、建议和方法等，开拓自己的思维，摆脱自身的条条框框的限制。

第三，在向别人请教前，自己独立思考，使自己对问题有一个基本的认识，以免被别人的意见所左右。对于对方给出的建议，要分析他看问题的角度。

第四，进行决策时，注意克服经验、错觉、偏见、动机等主观因素的影响，客观辩证地看待事物。

第五，适时地为对方设定“沉锚”，扭转自己的劣势。

三分之一效应
跳出心理惯性，选择制胜

一场大学生电影节的颁奖闭幕式即将召开，很多学生都想参加这一盛会，可是学校发给每个班的入场券只有两张。每个班都有数十位同学，人多票少，这该怎么办呢？为了公平起见，辅导员决定采用抽签的方式来分配这两张入场券，并让班长负责这件事。

班长感到有些为难，因为他也很想参加这个闭幕式。为了得到入场券，他动起了脑筋。他想："抽签这种事是再平常不过的了，我自己以前也抽过很多次，可是每次都不会抽两边的签，而是尽量从中间抽，因为我总觉得两边的签在总数中所占的比例毕竟比较小，还是从中间抽能抽中的概率比较大。其他人的想法好像也跟我一样。如果我把有入场券的签放在两边的话，说不定就有机会参加闭幕式了。"于是，班长把所有的签排成一排，并将两张写着"得到一张入场券"字样的签分别放在第一和末尾的位置，然后才让同学们按顺序抽签。

大家陆续走上前来，果然像班长想的那样都从中间抽。团支书是倒数第二个抽的，她抽走了放在末尾的那支签。最后一支签正是放在第一位的那支，自然归班长所有。

这位班长所采用的心理战术，被心理学家称为“三分之一效应”，它指的是人们在生活中，往往要面临各种选择，在“二选一”时，选择还相对简单，但当选择对象增多、选择余地增大时，人们反而觉得选择难度加大了，在这种时候，人们往往会选择排序处在三分之一这一位置上的选项。

还是以上面的抽签为例。虽然每张签的“中奖率”都差不多，可是同学们心里依然会不自觉地抵触放在第一和末尾的那两签，认为那两张有票签不可能这么碰巧就落在第一和末尾这两个位置！于是，在没有任何提示的情况下，所有的同学都选择了从中间抽，这才使班长如愿以偿。

三分之一效应属于决策中的一种心理偏差，为了证实它的存在，一位社会心理学家曾经做了一个小实验。他做了一支空白的签，两支写了“有”字的签，然后将这两支带字的签分别放在了那支空白的签两边，请受试者从中抽出带字的签。带字的签占总数的三分之二，不带字的签只占三分之一，按理说抽中带字的签的概率应该比较大才对，可是实际的测验结果却并非如此——大多数人都抽中了不带字的签。虽然每支签被抽中的概率从理论上说是相等的，可是到了抽签的时候，大多数人还是从心理上否定了第一支签和最后一支签，总以为带字的签不可能碰巧就排在第一位和最后一位，因此他们才选择了中间那支签。

生活中有许多能够体现三分之一效应的案例。一个典型的案例就是顾客对店铺的选择问题。在商业街购物时，顾客通常既不会首选第一家店铺，也不会选择最后一家店铺。因为在第一间店铺时，人们会期待前面的店铺卖的东西可能更好，而逛到最后一家店铺时，顾客往往又产生了另一种心理——后悔，总觉得前面看过的某样东西似乎更好一些，于是又折回头去购买。如果这条街能够一眼望到尽头的话，顾客也往往不会特意选择位于中间位置的店铺，而是将位于商业街两头三分之一位置的店铺作为最终目的地。那些为了避免上当受骗需要多走走、多看看、货比三家的顾客，一部分人在走到三分之一处时，会觉得已经有了足够的样本，可以做出抉择；而那些走完了整条街的顾客，在折回头去时，也会在返程的三分之一的范围进行实际购买。因此，那些精明的商家，在选择店铺位置时通常都会考虑到三分之一效应的影响，往往会避开商业街的第一家和最后一家店铺，尽可能地租用位于商业街两头三分之一位置的店铺。需要提示的是，三分之一效应对那些价格相差无几且同质化严重的商品来说不适用。如果商品没有太大差别且价格稳定一致，顾客没有“货比三家”的需求，这个时候购物的方便性就会成为顾客首要考虑的因素。

还有一个常见的“三分之一效应”陷阱，就是咱们在考试中遇到不会做的选择题时，很多人会认为选择题的四个选项中的答案不会很早出现也不会很晚出现，所以，大部分“猜猜猜”

的同学出于本能会选择 B 或者 C，而选择 A 和 D 的人则比较少。回忆一下自己读书的时候是不是也是这样选择的呢？

“当一个人毫无选择的时候，他往往能做出最好的选择；当一个人有很多选择的时候，他往往会失去选择。”透过三分之一效应，我们可以得到这样的启示：**在面临选择时，人们往往会不自觉地受到固有的思维、模式、经验、传统、定律等因素的影响，而忽略了当下的目标和条件。我们不妨经常提示自己回到当下，既不苛求完美，也不因循守旧，敢于打破自己的心理定式，做出当下条件下最好的判断和抉择。**

图书在版编目（CIP）数据

认识本能：心理学效应的实用解读 / 李亦梅著. --
深圳：海天出版社, 2022.10
ISBN 978-7-5507-3589-7

I. ①认… II. ①李… III. ①本能 – 通俗读物 IV.
① Q958.1-49

中国版本图书馆 CIP 数据核字 (2022) 第 136130 号

认识本能：心理学效应的实用解读

RENSHI BENNENG : XINLIXUE XIAOYING DE SHIYONG JIEDU

出 品 人　聂雄前
策划编辑　吴　迪
责任编辑　黄海燕
责任技编　梁立新
装帧设计　璞茜设计 2815932450@qq.com

出版发行　海天出版社
地　　址　深圳市彩田南路海天综合大厦（518033）
网　　址　www.htph.com.cn
订购电话　0755-83460239（邮购、团购）
排版制作　大连哲贤翻译服务有限公司
印　　刷　保定市铭泰达印刷有限公司
开　　本　800mm × 1230mm　1/32
印　　张　8.5
字　　数　165 千
版　　次　2022 年 10 月第 1 版
印　　次　2022 年 10 月第 1 次
定　　价　49.00 元